Raskop

Isolierlackfibel

ISOLIERLACKFIBEL

Anleitung für den praktischen Einsatz
neuzeitlicher Elektro-Isolierlacke im Elektromaschinen-,
Transformatoren- und Starkstrom-Apparatebau

von

FRITZ RASKOP

Beratender Ingenieur für Elektro-Isoliertechnik

TECHNISCHER VERLAG HERBERT CRAM, BERLIN W35

1955

Printed in Germany
Satz: Walter de Gruyter & Co., Berlin W 35
Druck: Otto von Holten

Inhaltsübersicht

Einleitung

Auf dem wichtigen Sondergebiet der „Elektro-Isolierlacke" hat sich in den letzten Jahren ein entwicklungsmäßiger Umbruch vollzogen, der in bezug auf den erfolgreichen Einsatz derselben die Herausgabe einer leichtverständlichen Fachschrift bedingt.

Die vorliegende Broschüre soll diesem Erfordernis Rechnung tragen. Sie wendet sich bevorzugt an den großen Kreis der Verbraucherschaft in den Sparten der Elektrotechnik, besonders aber an alle Fachleute, die im Elektromaschinen-, Transformatoren- und Starkstrom-Apparatenbau unmittelbar mit dem praktischen Einsatz der Isolierlacke zu tun haben.

In den nachfolgenden fachlichen Darlegungen wird davon ausgegangen, daß die Herstellung der Elektro-Isolierlacke eine Angelegenheit des Lackchemikers ist, daß jedoch für die erfolgreiche Anwendung derselben seitens der Verbraucherschaft eine gewisse Kenntnis bezüglich des rohstofflichen Aufbaues und den sich hieraus ergebenden Eigenschaften der verschiedenen Lacktypen erforderlich ist.

Die Lackrohstoffchemie hat in letzter Zeit eine Vielzahl neuartiger, vorwiegend synthetischer Grundstoffe herausgebracht, mit deren Hilfe ein bemerkenswerter Fortschritt auf dem Gebiete der Isolierlacke erzielt wurde. Um den sich hieraus ergebenden, gütemäßigen Vorteilen teilhaftig zu werden ist es für den Verbraucher notwendig, tiefer als bisher in das Isolierlackgebiet einzudringen. Im unmittelbaren Zusammenhang hiermit werden die verschiedenen Anwendungsmethoden, sowie die Imprägnier- und Trockeneinrichtungen nach Maßgabe praktischer Erfahrungen einer Betrachtung unterzogen. Erst die jeweils zweckdienliche Anwendung der Isolierlacke und die notwendigen Einrichtungen hierzu bieten die Gewähr für den vollwertigen Enderfolg, der sowohl vom Hersteller als auch vom Verbraucher in gleicher Weise angestrebt wird.

In diesem Sinne übergeben wir die vorliegende Isolierlackfibel ihrer Zweckbestimmung. Sie soll das Bindeglied zwischen Hersteller und Verbraucher sein und Fachfragen beantworten, die erfahrungsgemäß im beiderseitigen Interesse zur eindeutigen Klärung anstehen.

Abschnitt I

Allgemeines

Kurzer Rückblick auf die Entwicklung der Elektro-Isolierlacke bis zum heutigen „Stande der Imprägniertechnik“

Bezogen auf die Herstellung der ersten dynamoelektrischen Maschine durch die Fa. Siemens & Halske-Berlin werden im Elektromaschinenbau etwa seit dem Jahre 1866 „Isolierlacke“ verwendet. Es handelte sich zur damaligen Zeit um Schellacke, die aus dem bekannten Blätterschellack (Festkörper) und Spiritus (Löse- und Verdünnungsmittel) hergestellt wurden und heute noch für andere Zwecke (Polituren u. a. m.) verwendet werden.

Der damalige Grund für die Anwendung dieser „Isolierlacke“ hat sich bis zur Gegenwart nicht wesentlich geändert. Die „Imprägnierung“ der Wicklungen elektrischer Maschinen sollte den aufsaugefähigen Lackträgern (Umspinnung der Leiterstoffe, Körperisolation — Preßspan, Papier, Baumwolle, Leinen —) eine gewisse Feuchtigkeitsbeständigkeit und damit einen besseren Isolationswert, sowie einen festeren mechanischen Zusammenhalt der Leiterbündel (Backfestigkeit) verleihen.

Die praktische Anwendung der Schellack-Isolierlacke war recht einfach. Man tauchte die Wicklungskörper in ein Lackbad und trocknete dieselben an der Luft oder bei mäßiger Wärme.

Wenn diese Isolierlacke zur damaligen Zeit den Anforderungen entsprachen, so war dieses auf die relativ geringen Gleichspannungen der Stromerzeuger und Verbraucher (65—110 Volt; später 220 Volt) und auf die, für die heutigen Begriffe geringen betrieblichen Anforderungen zurückzuführen, die zur damaligen Zeit an die Betriebstüchtigkeit und Lebensdauer der Maschinen gestellt wurden.

Die Technik kennt keinen absoluten Stillstand und um die Jahrhundertwende des Zeitalters der Technik erschienen bessere Isolierlacke auf dem Markt, die aus trocknenden Ölen, Naturharzen, Asphalt (als Feststoffe) und Benzin-Benzolkohlenwasserstoffe (als Löse- und Verdünnungsmittel) unter dem Sammelbegriff „Öllacke“ hergestellt wurden.

Die erhöhten Anforderungen, die im Ablauf des entwicklungsmäßig bedingten Geschehens auch an die Wicklungen elektrischer Maschinen gestellt wurden, führten somit zu qualitativ besseren Isolierlacken, die von den Erbauern elektrischer Maschinen als fortschrittliche Imprägniermittel gerne übernommen wurden. Aber alle Fortschritte müssen mit einer Draufgabe erkauft werden.

Die Anforderungen, die an den Verbraucher mit Rücksicht auf den erfolgreichen Einsatz der Öllacke gestellt werden mußten, wurden größer und vielgestaltiger. Es wurden Trockenöfen für die als notwendig erkannte **Tiefentrocknung** zum Einsatz gebracht und aus den gesammelten Erfahrungen ergab sich die Notwendigkeit, die Trockentemperaturen durch zweckdienliche Regelorgane nach Erfahrungsgrundsätzen zu steuern.

Dann kam der Zeitpunkt, wo man die stillschweigend hingenommenen Schwächen der natürlichen Lackrohstoffe erkannte und der Amerikaner Bakeland (1907—1908) mit seiner Entdeckung unter Beweis stellte, daß man diese Schwächen durch die Herstellung künstlicher Harze mehr oder weniger überbrücken könne.

Der Mensch triumphierte über die Natur, mußte aber seinen Tribut zahlen.

Es entstanden durch die Entdeckung Bakelands Kunstharze mit ganz neuen Eigenschaften, wovon die Härtbarkeit derselben im Ablauf eines chemischen Vorganges (Kondensation) wohl als die interessanteste und für den Isolierlackverbraucher wichtigste Erscheinung in den Vordergrund trat.

„Härtbare Kunstharzlacke" wurden erstmalig lediglich durch Wärme aus dem flüssigen in den festen „unlöslichen" Zustand (Filmbildung) überführt. Die einmal auf diese Art und Weise getrockneten (gehärteten) Isolierlacke veränderten auch bei späterer, hoher Betriebswärme diesen Endzustand nicht mehr.

Allein diese bedeutungsvolle Eigenschaft führte zu einem entscheidend wichtigen Umbruch auf dem Gebiete der Elektro-Isolierlacke zugunsten der Kunstharze, und zwar besonders im Elektromaschinenbau-, Transformatoren- und Starkstrom-Apparatebau. Auf die Begründung hierfür wird später noch näher eingegangen. Aber wie immer, so mußte auch dieser Vorteil erkauft werden.

Anfänglich störte der an ein Krankenhaus erinnernde Geruch (Phenol-Carbol), der aber — nicht immer ohne Widerstand — mit der Zeit hingenommen wurde.

Es war jedoch nicht allein der Geruch, sondern vielmehr noch die Anforderungen, die an die Verbraucherschaft hinsichtlich Einhaltung einer bestimmten Trockentemperatur — und wie sich sehr bald herausstellte — auch einer bestimmten Trockenkurve zur Bedingung gestellt werden mußten.

Während die betrieblichen Anforderungen an elektrische Stromerzeuger und Stromverbraucher weiter anstiegen (Hochfrequenzen, Hochspannungen), fand das Vakuum-Imprägnierverfahren Eingang in die Imprägniertechnik, und die Lackrohstoffhersteller sowie die Lackchemiker unternahmen erfolgreiche Versuche, den steigenden Anforderungen durch ständige Verbesserungen in der rohstofflichen und rezeptlichen Zusammensetzung der Elektro-Isolierlacke ihren Beitrag zum entwicklungsmäßig bedingten Fortschritt zu leisten.

Zwangsläufig stiegen auch wieder die Anforderungen, die an den Isolierlackverbraucher gestellt werden mußten. Neue, bessere Lackrohstoffe und die hieraus hergestellten „besseren Isolierlacke" erfordern nun einmal entsprechende Anwendungseinrichtungen, Anwendungsmethoden und ein verständnisvolles Eingehen auf die vom Hersteller vorgeschriebenen unabänderlichen Notwendigkeiten.

Bis zu diesem Zeitpunkt bestanden die Isolierlacke durchweg aus etwa 50% Feststoffen organischer Herkunft und 50% flüssigen Stoffen (Löse- und Verdünnungsmittel).

In jüngster Zeit erfuhr die bereits an Umfang ansehnliche Familie der Isolierlacke einen seltsamen Zuwachs durch die katalytisch härtenden Gießharze und Lacke.

Hier handelt es sich um sehr beachtliche, fortschrittliche Erzeugnisse, die im Gegensatz zu den bisher bekannten und erwähnten lösungsmittelhaltigen Isolierlacken keine Lösungsmittel enthalten und deswegen auch während der Trocknung praktisch keinen Volumenschwund erleiden, wie das leider bei allen lösungsmittelhaltigen Lacken der Fall ist. Es klingt wie ein Märchen, aber es ist so, daß diese katalytisch härtenden (trocknenden) Gießharze und Isolierlacke auch ohne Wärme — lediglich durch einen chemischen Stoff (Katalysator) — selbst in starken Schichten kurzfristig einwandfrei durchtrocknen. Es ist hiermit ein alter Traum der Berechner und Gestalter elektrischer Maschinen Wirklichkeit geworden. Damit ist aber dieses Thema noch nicht erschöpft.

Aus den USA erreichte uns Europäer im Jahre 1947/48 die Mitteilung, daß von der Down Corning Corporation in Zusammenarbeit mit der General Electric Co. ein großer Schlager auf dem Gebiete der Kunstharze herausgebracht worden sei, der hinsichtlich Geeignetheit für den Einsatz auf dem Isolierlackgebiet revolutionäre Eigenschaften aufweisen sollte.

Es hat einige Jahre gedauert, bis wir uns von den hochgepriesenen Eigenschaften und Gütewerten der Silikonharze durch praktische Anwendungsversuche ein Bild machen konnten.

Inzwischen haben wir uns von den überragenden Eigenschaften der Silikon-Isolierlacke überzeugen können, und wenn auch diese neuen Erzeugnisse bei uns noch nicht populär geworden sind, so wissen wir doch, daß sich hier ungeahnte Möglichkeiten für den Aufbau fortschrittlicher Wicklungs-Isolationen im Elektromaschinen-, Transformatoren- und Starkstromapparatebau darbieten. Gut Ding will Weile haben, aber es hat jetzt schon zumindest den Anschein als ob in näherer oder weiterer Zukunft die Silikone mit ihren fast unbegrenzten Abwandlungsmöglichkeiten dereinst einmal das Feld auf dem Gebiete der Elektro-Isoliertechnik beherrschen werden.

Abgesehen von dem Preis der klassischen Silikonlacke (es gibt bereits preiswerte, abgewandelte „silikonhaltige" Isolierlacke), müssen die Vorteile der reinen Silikonlacke durch relativ hohe Trockentemperaturen und Trockenzeiten erkauft werden. Jedoch gibt es viele Fälle (z. B. thermisch hochbeanspruchte Maschinen), wo diese Dinge weit hinter dem Güteergebnis zurücktreten und daher keine Rolle spielen.

Auch Silikonlacke besitzen härtbare Eigenschaften und erfordern daher eine wohldurchdachte Anwendungsmethode, wie alle anderen härtbaren Kunstharze, wenn der angestrebte Erfolg möglichst hundertprozentig sein soll.

Wenn dieser kurze Rückblick den anschließenden Ausführungen vorangestellt wurde, so geschah dieses bevorzugt aus dem Grunde, um die Notwendigkeit der Herausgabe der vorliegenden Isolierlackfibel für die Verbraucherschaft unter Beweis zu stellen.

Vom Schellack bis zu den neuzeitlichen Isolierlacken ist ein langer Weg zurückgelegt worden, und auf diesem Wege wurden Erfahrungen gesammelt, die notwendigerweise erst hinter uns gebracht werden mußten, um den angestrebten Zweck erreichen zu können.

Diese Erfahrungen zeigen in aller Deutlichkeit auf, daß bessere elektrische Maschinen nur mit besseren Isolierstoffen hergestellt werden können, und man nur dann den dargebotenen Vorteilen teilhaftig werden kann, wenn durch ein tieferes Eindringen in das interessante und wichtige Stoffgebiet die Voraussetzungen für den vollen Anwendungserfolg geschaffen werden.

Fortschritte sind in der Regel zeitgebunden, aber das Tempo unserer Zeit stellt uns in schneller Folge vor neue Errungenschaften auf allen Gebieten der Technik, und der wirklichkeitsnahe Mensch ist gezwungen, sich diesem Tempo bestmöglichst anzugleichen, wenn er sich nicht später dem Selbstvorwurf der Rückständigkeit aussetzen will.

Abschnitt II

Allgemeines

A. Die Unterscheidungsmerkmale, die Werkstoffbezeichnungen und die Einteilung der Isolierlacke

Je nach Art und Verwendungszweck lassen sich die Isolierlacke etwa wie folgt kennzeichnen:

Gruppe 1: **Lufttrocknende Isolierlacke** (Überzugslacke)
Gruppe 2: **Ofentrocknende Isolierlacke** (Tränklacke)
Gruppe 3: **Chemisch (durch Katalyse) trocknende Isolierlacke.**

Nach dem rohstofflichen Aufbau unterscheidet man:

1. solche auf der Rohstoffgrundlage trocknender Öle, Naturharze, Asphalt, Zellulose u. a. natürlicher Lackrohstoffe.
2. desgl. auf der Rohstoffgrundlage **nicht härtbarer** Kunstharze (synthetische Lackrohstoffe).
3. desgl. auf der Rohstoffgrundlage **härtbarer** Kunstharze (synthetische Lackrohstoffe).
4. desgl. auf der Rohstoffgrundlage anorganisch-organischer Kunstharze (z. B. Silikonlacke, synthetische Lackrohstoffe).
5. desgl. lösemittelhaltige (Ziffer 1—8).
6. desgl. lösemittelfreie Isolierlacke und Gießharze (Gruppe 3).
7. desgl. wie Ziffer 1-8, jedoch mit wärmeleitenden Zusätzen (Pigmente).
8. desgl. ungefärbte (durchsichtige) und gefärbte Isolierlacke.

Damit sind die wesentlichen Merkmale herausgestellt.

B. Lösemittelhaltige Isolierlacke

Der weitaus überwiegende Teil der zahlreichen und verschiedenartigen Isolierlacktypen besteht aus etwa 50% Feststoffen und 50% flüssigen Stoffen (Löse- und Verdünnungsmittel).

Die Löse- und Verdünnungsmittel sind lediglich ein Mittel zum Zweck. sie müssen den imprägnierten Wicklungskörpern im Ablauf des Trockenvorganges wieder entzogen werden. Dieser Vorgang läßt sich durch Vakuum und Wärme beschleunigen.

Die Löse- und Verdünnungsmittel sind im gewissen Sinne elektrisch leitend und müssen daher im Trockenvorgang möglichst restlos aus den imprägnierten Wicklungen entfernt werden.

Die eigentlichen „Isolierstoffe" (Dielektrikum) in den Isolierlacken sind die Feststoffe. Der Isolationswert der Lackfeststoffe wird erst nach vollkommener Trocknung erreicht. Deshalb ist der Trockenvorgang von größter Bedeutung für den Enderfolg, gleichgültig, ob es sich um luft- oder ofentrocknende Lacke handelt.

Es werden je nach den Erfordernissen stark lösende oder mildere Lösemittel angewandt. **Tränklacke für Lackdrahtwicklungen** enthalten in der Regel mild wirkende Lösemittel.

C. Lösemittelfreie Isolierlacke und Gießharze

Die lösemittelfreien Isolierlacke bestehen aus künstlich hergestellten Harzen, die durch Zusatz eines chemischen Stoffes (Katalysator) aus dem fließfähigen in den festen Zustand überführt werden. Dieser chemische Vorgang (Polymerisation) kann durch Wärme und durch geringe Mengen geeigneter Zusätze beschleunigt werden (Härtebeschleuniger).

D. Lufttrocknende Isolierlacke

sind solche, die durch Verdunsten der Lösemittel trocknen. Diese Lacksorten haben im Elektromaschinen-, Transformatoren- und Starkstromapparatebau nur als sogenannte **Überzugslacke** eine Bedeutung. Für die Imprägnierung von Wicklungen kommen dieselben nicht in Betracht, weil es sich hierbei regelmäßig um eine Tiefentrocknung handelt, die ohne Zufuhr von Wärme nicht in angemessenen Zeiten zu erzielen ist.

Die Lösemittel (Alkohole, Benzinkohlenwasserstoffe u. a.) der lufttrocknenden Lacke haben einen relativ niedrigen Siedepunkt, d. h. sie verdunsten bereits bei Raumwärme.

E. Ofentrocknende Isolierlacke (Tränklacke)

trocknen bei Temperaturen von etwa 80—250° C, und zwar:

1. im Ablauf eines kombinierten physikalischen-chemischen Vorganges (Verdunsten der Lösemittel und anschließender Filmbildung durch Zutritt von Luftsauerstoff und Wärme [Oxydation]),
2. desgl. durch Abgabe der Lösemittel mit anschließender Filmbildung durch einen chemischen Vorgang (Kondensation). Diese Typen fallen unter den Begriff „härtbare Kunstharzlacke". Die Überführung aus dem flüssigen in den festen Zustand geschieht durch Wärme. Man spricht hier von **„wärmehärtenden Isolierlacken"**
3. auch die lösemittelfreien, katalytisch härtenden Lacke können unter der Kategorie „Ofentrocknende Lacke" fallen. In diesem Falle erfolgt die Trocknung (Härtung) durch Katalysatoren **und** Wärme (Regelfall).

Abschnitt III

Die Gütewerte der Isolierlacke

Als Maßstab für die Bewertung der Isolierlacke gelten u. a. folgende Gütekennzeichen:

1. Die **elektrische Durchschlagsfestigkeit** des getrockneten Lackfilmes
2. Der **Durchgangswiderstand** in Abhängigkeit von der Wärme (Betriebswärme der Wicklungen) und der relativen Luftfeuchtigkeit
3. Die **Feuchtigkeitsbeständigkeit** des getrockneten Lackfilmes (Wasseraufnahme, DIN 57303 § 7)
4. Die **thermische Beständigkeit**
5. Die **Tropenbeständigkeit**
6. Die **Wärmeleitfähigkeit**
7. Die **Kriechstromfestigkeit**
8. Die **mechanische Stabilität**
9. Die **Ölbeständigkeit**
10. Die **Backfähigkeit**
11. Die **chemische Beständigkeit**
12. Die Dieelektrizitätskonstante
13. Der Verlustwinkel
14. Die **Trockeneigenschaften.**

Die Ermittlung dieser Gütewerte kann nach Maßgabe folgender*) Richtlinien erfolgen:

a) Leitsätze für die Prüfung von Isolierlacken DIN 57 360, Juni 1950
b) Leitsätze für die Prüfung von Isolierstoffen DIN 57 303
c) Leitsätze für Spulentränklacke DIN 46 456
d) Leitsätze für Lackgewebe und Lackpapier DIN 57 365, April 1950
e) Lackdraht, DIN 46453, DIN 46435, Blatt 1 und 2
f) Leitsätze für mechanische und thermische Prüfungen fester Isolierstoffe
g) Regeln für elektrische Maschinen VDE, 0530/2.51
h) Vorschriften für Kleintransformatoren, VDE 0550, Teil 1/ . . .53, desgl. Teil 2/ . . . 53, desgl. Teil 3/. . . 53.

Über diese Richtlinien hinaus können zwischen Hersteller und Verbraucher besondere Lieferungs- und Gütewertbedingungen vereinbart werden.

---

*) Zu beziehen: Beuth-Verlag, G. m. b. H. Köln/Rh.

Abschnitt IV

Ergänzungen zu Abschnitt III

I. Die elektrische Durchschlagsfestigkeit

Die elektrische Durchschlagsfestigkeit ist ein relativer Gütewert. Derselbe ist abhängig:

a) von der rohstofflichen und rezeptlichen Zusammensetzung der Isolierlacke,

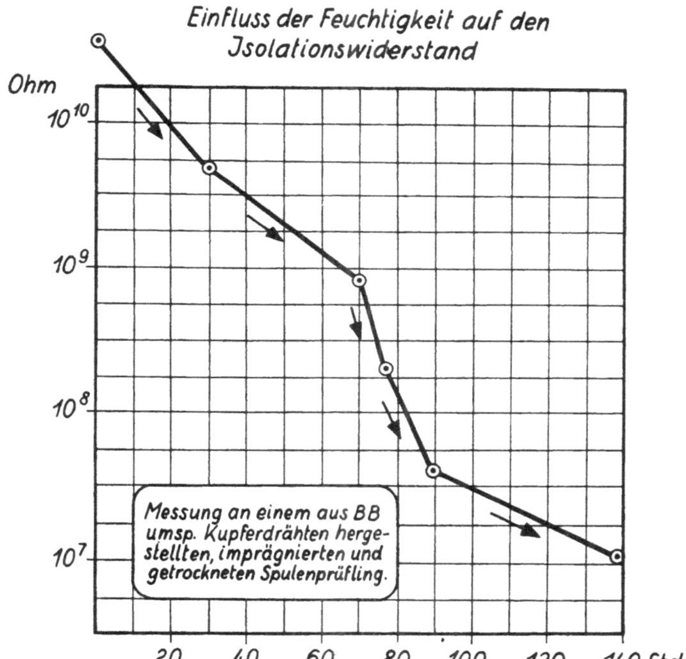

Abb. 1. Je nach dem Grad der Feuchtigkeitsaufnahme (Feuchtigkeitsgehalt) fällt der Isolationswiderstand mehr oder weniger ab

b) von dem Grad der Trocknung (Filmbildung),

c) von der relativen Luftfeuchtigkeit, bei welcher die Messung durchgeführt wird,

d) von der Temperatur des Prüflings und der umgebenden Luft,

e) von den verwendeten Prüfgeräten (Durchmesser der Kugel- und Plattenelektroden),

f) von der Kriechstromfestigkeit des Lackfilmes,

g) von den mechanischen Eigenschaften des Lackfilmes.

Es ist bekannt, daß die Durchschlagsfestigkeit bei ansteigender Wärme abfällt. Maßgebend in bezug auf den Wärmegrad ist die sogenannte Betriebswärme der Wicklungen und des aktiven Eisens. (Regeln für elektr. Maschinen, VDE 0530/2. 51 §§ 38, Tafel III, Wärmebeständigkeitsklassen, § 39, Tafel IVa und Tafel IVb, desgl. Regeln für Transformatoren sowie Vorschriften für Kleintransformatoren.)

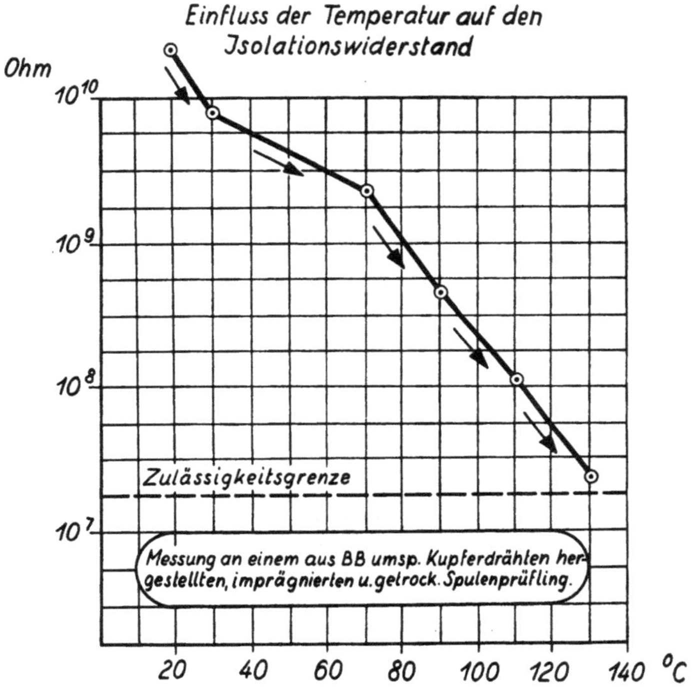

Abb. 2. Unter dem Einfluß der Wicklungs-Betriebstemperatur fällt der Isolationswiderstand ebenfalls ab

Die Wicklungsisolation wird betriebsmäßig u. a. auch mechanisch beansprucht (Dehnung, Knickung, Druck und Zug). Demgemäß können auch Wärme/Druckprüfungen erforderlich sein. Unter Wärme und Druck sinkt die Durchschlagsfestigkeit.

Die Prüfung der Durchschlagsfestigkeit erfolgt in der Regel nach DIN 57 303, § 20, wobei für jede Prüfung normalerweise der Mittelwert aus 5 Messungen als Gütemaßstab zugrunde gelegt wird.

2. **Der Durchgangswiderstand** (DIN 57360 § 14, DIN 57303, § 7) ist ebenfalls abhängig von der Temperatur und von der rohstofflichen und rezeptlichen Zusammensetzung der Lacke.

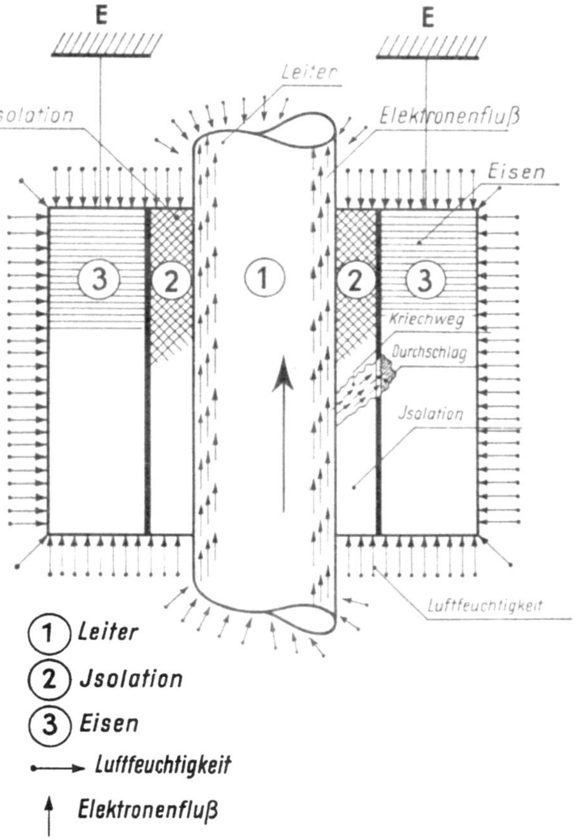

Abb. 3. Ein Spannungsdurchschlag zwischen Wicklungen und Eisen wird im Regelfalle durch eine „Kriechwegbildung" eingeleitet

Bei ansteigender Temperatur fällt der Durchgangswiderstand mehr oder weniger.

Das günstige Verhalten in dieser Hinsicht zeigen Silikonlacke. Bei diesen, richtig ausgehärteten Lacken ist der sogenannte „Wärme-Durchgangswiderstand" in dem Temperaturbereich 20—200° C fast konstant.

3. Die **thermische (Wärme-)Beständigkeit** der Isolierlacke kann als ein besonders wichtiges Gütekennzeichen erwähnt werden und ist im wesentlichen von der rohstofflichen und rezeptlichen Zusammensetzung abhängig.

   Aus Naturstoffen (Leinöl, Holzöl, Naturharze, Asphalt u. a. m.) hergestellte Isolierlacke entsprechen der VDE 0530/2.51 — Wärmebeständigkeitsklasse A. (VDE 0530/. . . 54 Neuentwurf)

   Die reinen Silikonlacke haben die höchste Wärmebeständigkeit (etwa 200° C) von allen Isolierlacken (Werkstoffklasse B). Die Wärmebeständigkeit der abgewandelten, silikonhaltigen Isolierlacke richtet sich im wesentlichen nach dem jeweiligen Silikonharz-Anteil und bewegt sich etwa zwischen 130—140° C.

4. Die **Kriechstromfestigkeit** ist ebenfalls ein wichtiges Gütekennzeichen, weil der elektrische Durchschlag in der Regel durch eine Kriechwegbildung eingeleitet wird. Die Feststellung erfolgt zur Zeit vorwiegend nach dem sogenannten Nekalverfahren, indem mittels eines Tropfers zwischen zwei auf dem Prüfling angeordneten Elektroden durch Verdampfung der Flüssigkeit eine leitende Verbindung hergestellt wird. Die Anzahl der Tropfen „Nekalflüssigkeit" bis zum Eintritt des Kriechweges (Durchschlag) gilt als Gütemaßstab. Die Tropfenzahl bewegt sich etwa zwischen 2—100 Tropfen. Die außergewöhnlich hohe Zahl — 100 — wurde an einer Mehrschichtenisolation bestehend aus Glasgewebe und Silikonkautschuk festgestellt*).

5. Unter **Tropenfestigkeit** versteht man eine ausreichende Beständigkeit gegen wechselnde Temperaturen, hohe relative Luftfeuchtigkeit und Schwitzwasserbildung, sowie gegen Mikroben, Termiten und Spaltpilze. (DIN 50010)

   Isolierlacke und Lackträger (Gewebe, Umspinnung) aus Naturstoffen können nur bedingt als tropenfest bezeichnet werden. Solche auf der Rohstoffgrundlage härtbarer Kunstharzlacke und anorganischer Lackträger sind in der Regel tropenfest.

6. Die **Wärmeleitfähigkeit** der Isolierlacke**) ist relativ gering. Die sogenannte Wärmeleitzahl derselben beträgt etwa 0,12—0,25 gegenüber Kupfer = 335 und Aluminium = 180, Eisen = 50—55, Glasfaser = 1,1, Glimmer = 0,3—0,5 und Baumwolle = 0,05.

Aus diesen Zahlen geht u. a. aber auch hervor, daß die Wärmeleitfähigkeit der Isolierlacke durchweg erheblich besser ist als ungetränkte Baumwollfaser und vor allen Dingen besser als ruhende Luft (Luftpolster).

---

*) Fachzeitschrift EMA—Die elektrische Maschine, Jahrgang 1955, Heft 1, Seite 3, Spalte 6, lfd. Nr. 1

**) desgl. EMA-Heft 2/1955

Es ergibt sich hieraus folgerichtig, daß die Wicklungen elektrischer Maschinen grundsätzlich in geeigneten Tränklacken imprägniert werden müssen. Einerseits wegen der hierdurch erzielbaren, beschleunigten Abgabe der Wicklungsstromwärme an die Kühlluft; andererseits aber auch wegen der höheren mechanischen Stabilität (Kurzschluß- und Fliehkraftfestigkeit) imprägnierter Wicklungen, die sich erfahrungsgemäß vorteilhaft auf die Betriebstüchtigkeit und Lebensdauer elektrischer Maschinen auswirkt.

Die Wärmeleitfähigkeit der Isolierlacke kann durch eine dunkle Färbung und durch besonders wärmeleitfähige Zusätze (Metalloxyde, feinkörnige Silikate u. a. m.) nennensert erhöht werden.

Der Gütewert „Wärmeleitfähigkeit" hat erst in letzter Zeit in bezug auf Isolierlacke und getränkte Isolierstoffe eine gewisse Bedeutung erlangt. Ein ansteigendes Interesse ist zu erwarten.

7. Die **Backfähigkeit** der Isolierlacke ist wiederum ein wichtiges Gütekennzeichen. Der Grad der Backfähigkeit bestimmt in hohem Maße die mechanische Stabilität der Wicklungen, die besonders bei stoßweise belasteten Maschinen, solchen mit hoher Schalthäufigkeit, häufigem Drehrichtungswechsel und Schwerlastanlauf von ausschlaggebender Bedeutung für die Lebensdauer derselben sein kann.

   Härtbare Kunstharzlacke zeichnen sich im Regelfalle durch eine vorzügliche Backfähigkeit aus. Sie besitzen außerdem den Vorzug, daß der ausgehärtete Lack selbst bei späterer hoher Betriebswärme seine Struktur nicht mehr verändert. Diese Eigenschaft ist wichtig in bezug auf die Unveränderlichkeit der dynamischen Auswuchtung und in bezug auf die Schleuderfestigkeit bei umlaufenden Wicklungskörpern.

   Isolierlacke auf Ölbasis verlieren bei Eintritt der Betriebswärme vorübergehend einen gewissen Teil ihrer mechanischen Stabilität. Beim Erkalten der Wicklungen verfestigt sich die Lackmasse wieder.

   In diesem Wechselspiel können bei **umlaufenden** Wicklungsträgern je nach Höhe der Nenndrehzahl und der Umfangsgeschwindigkeit an sich gut getrocknete Lackteile eine örtliche Verlagerung erfahren, die den ausgewuchteten Zustand nachteilig beeinflußt.

8. Die **Trockeneigenschaften** der Isolierlacke spielen ganz allgemein gesehen eine sehr beachtliche Rolle. In speziellen Fällen können dieselben sogar von entscheidender Bedeutung sein.

Im bezug auf den Regelfall „Tiefentrocknung" verlangt man u. a. die Eigenschaft, daß der Lack gleichmäßig und restlos in allen Wicklungslagen bei einer bestimmten Temperatur in angemessener Zeit durchtrocknet. (Prüfverfahren nach DIN 57 361, § 12.)

Auf das diesbezügliche Verhalten der verschiedenen Lacktypen wird später noch ausführlich eingegangen.

Abschnitt V

Die praktische Anwendung der Isolierlacke

A. Die gebrauchsfähige Einstellung der Fließfähigkeit (Viskosität)

Die vom Hersteller angelieferten Isolierlacke müssen in der Regel vor dem praktischen Einsatz mit geeigneten Mitteln je nach Erfordernis verdünnt werden.

Der Verdünnungsgrad richtet sich im wesentlichen:

1. nach der Eindringtiefe
2. nach der Art des Leiterwerkstoffes (umsponnene, umwickelte, lackierte Drähte)
2. nach dem Lackträger-Werkstoff (Seide, Kunstseide, Baumwolle, Glasseide, Papier, Kunststoffolie)
4. bei den in Eisen (Nuten) gebetteten Leitern nach dem Nutenfüllfaktor
5. nach der Anzahl der Tränkungen (ein- oder mehrmalige Tränkungen)
6. nach der Wickelhöhe, der Leiterzahl, der Leiterstärke und nach der jeweils vorliegenden Wicklungsart (Formspulen, Handwicklungen, Wildwicklung, Lagenwicklung mit oder ohne Durchschuß, umbandelte oder nicht umbandelte Wicklungselemente).

Muß der Tränklack beispielsweise im Ablauf des Imprägniervorganges viele Lagen umsponnener, dünner Drähte (viel aufsaugfähige Stoffe) durchdringen, dann muß die Fließfähigkeit — Eindringfähigkeit — durch Zugabe entsprechender Mengen Verdünnungsmittel eingestellt werden. Dasselbe ist der Fall, wenn die Wicklungen mehrere Male mit Isolierlack durchtränkt werden sollen.

Für die erste Imprägnierung (Vorimprägnierung) sollte der Lack dünner eingestellt werden, als bei der zweiten oder dritten Tränkung.

Bei **Lackdrahtwicklungen** kann der Tränklack verhältnismäßig leicht alle Wicklungslagen durchdringen, wenn keine lagenweise mit Papierdurchschuß versehene Wicklungsart vorliegt und die Nuten im Verhältnis zum Nutenvolumen relativ gering mit Leiter angefüllt sind.

B. Die **Verdünnungsmöglichkeit** (DIN 46 456, Absatz 6) der Isolierlacke ist begrenzt. Man kann also die Verdünnungsmittelzugabe nicht beliebig vergrößern, d. h. das Verhältnis Festkörper/Löse- und Verdünnungsmittel nicht über eine bestimmte Grenze hinaus verändern. Da — wie bereits an anderer Stelle erwähnt — die Löse- und Verdünnungsmittel im Ablauf des Trockenvorganges zum Verdunsten gebracht werden müssen, so ergibt sich hieraus, daß — bezogen auf einen gegebenen Fall — möglichst wenig, aber immerhin ausreichend verdünnt werden sollte.

Zu jeder Isolierlacktype liefert der Isolierlackhersteller die jeweils erforderlichen **Verdünnungsmittel** (die Verwendung anderer Verdünnungsmittel können zu kostspieligen Fehlschlägen führen). Desgleichen gibt der Hersteller auch für jede Lacktype die günstigste Viskosität (bezogen auf ein bestimmtes Viskositäts-Meßgerät) an. Es ist vorteilhaft, wenn das vom Lackhersteller angegebene Meßgerät für die Einstellung der Fließfähigkeit verwendet wird.

Nach DIN 57 360, § 7 wird für die **Einstellung der Fließfähigkeit**

a) der sogenannte Auslaufbecher nach DIN 53 211 und

b) der Höppler-Viskosimeter

empfohlen.

Die Einstellung der jeweils zweckdienlichen Viskosität ist sehr wichtig für den störungslosen Ablauf des Imprägnier- und Trockenverfahrens und somit auch für die Wirtschaftlichkeit, sowie für die Endqualität der Imprägnierung.

Die Verdünnungsmittelzugabe soll unter Beachtung der Feuerverhütungsvorschriften und allmählicher Zuführung, beispielsweise bei ständigem Umrühren mit Hilfe eines sauberen Glasstabes oder im Umlaufverfahren (Mischverfahren mittels Umlaufpumpe) bei Raumtemperatur erfolgen. Als besonders zweckmäßig haben sich **verschließbare Imprägniergeräte** mit einem **Lackumlauf-Aggregat** und angebautem Verdünnungsmittelbehälter erwiesen. (Abb. 8 u. 9.)

Um stets gleichwertige Endergebnisse zu erzielen, muß von der gleichmäßigen Fließfähigkeit (Viskosität) des Tränklackes ausgegangen werden.

Abschnitt VI

Die Tränk-(Imprägnier-)Verfahren

1. Allgemeines und Vortrocknung

Unabhängig von der Art des jeweils zur Anwendung gelangenden Tränkverfahrens müssen die zur Imprägnierung anstehenden Wicklungskörper vorher **feuchtigkeitsfrei** gemacht werden.

Dies geschieht üblicherweise

a) in dem Nutzraum eines gut durchlüfteten Trockenofens bei etwa 100° C oder

b) unter Vakuum und Wärme in einem heizbaren Vakuum-Imprägniergerät.

Bei dem Verfahren nach Absatz a) beginnt der Vortrockenvorgang bei allmählich ansteigender Temperatur unter reichlicher Zufuhr staub- und feuchtigkeitsfreier, möglichst vorgewärmter Luft (beheizter Luftfilter im Ansaugstutzen). **Die Lufteintritts- und Austrittsöffnungen am Nutzraum des Trockenofens müssen anfänglich weit geöffnet sein.** Haben die im Nutzraum des Ofens eingelagerten Werkstücke die Nenntemperatur erreicht, so können die Luftklappen allmählich bis auf etwa 50% des Ansaugquerschnittes gedrosselt werden. (Abb. 14)

Der zeitliche Ablauf des Vorganges richtet sich im wesentlichen nach der Größe und dem Gewicht der eingelagerten Werkstücke sowie nach dem Grad der Beschickung des Nutzraumes (Füllfaktor). Von dem Zeitpunkt an, wo die Wicklungskörper einschließlich der Ballastgewichte (Eisen usw.) die Nenntemperatur (etwa 100° C) erreicht haben, kann mit einer Dauer von 2—4 Stunden gerechnet werden.

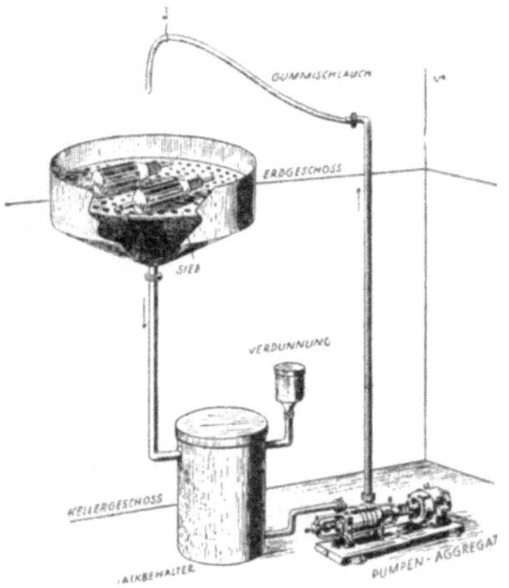

Abb. 4. Prinzipdarstellung einer Imprägnieranlage mit Lackumlauf-Aggregat (Umlaufpumpe/Antriebsmotor).

Nach Beendigung der **Vortrocknung** wird die Heizung abgeschaltet. Die eingelagerten Werkstücke läßt man bei geschlossener Ofentür bis auf etwa 60° C abkühlen. Zwischen diesem Zeitpunkt und der Einleitung des Imprägniervorganges soll schnellmöglichst gehandelt werden, damit die Werkstücke nicht erneut Luftfeuchtigkeit aufnehmen können.

Je nach der Jahreszeit und Wetterlage schwankt die relative Luftfeuchtigkeit erheblich und zwar etwa zwischen 50—90%.

Da die **Eindringfähigkeit** der Tränklacke bei erhöhter Temperatur günstiger ist als bei Raumtemperatur (etwa 15—20° C), so soll der Imprägniervorgang möglichst bei einer Werkstücktemperatur von etwa 40—50° C eingeleitet werden. Höhere Temperaturen sollten aus verschiedenen Gründen vermieden werden.

Die Entziehung der Luftfeuchtigkeit kann durch Anwendung des Vakuum-Imprägnierverfahrens zeitlich nennenswert abgekürzt werden. Ebenso ist die Durchdringung der Wicklungskörper mit Tränklack beim Vakuum-Verfahren vollkommener, als bei den übrigen Verfahren.

Je nach der relativen Luftfeuchtigkeit ist der **Feuchtigkeitsgehalt** (Wassergehalt) der zur Imprägnierung anstehenden Wicklungskörper verschieden. Bei hoher relativer Luftfeuchtigkeit, ungeheizten Lager-

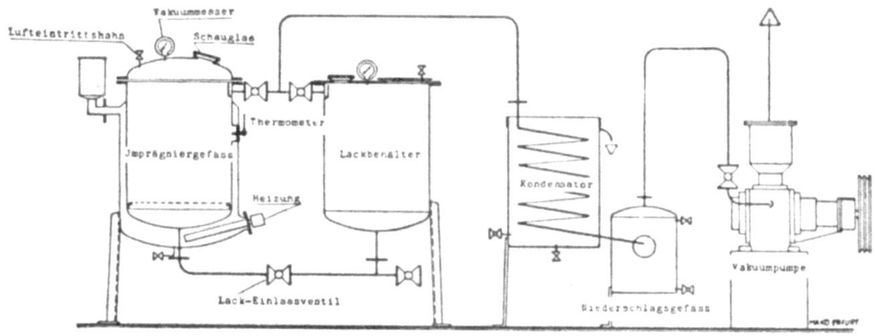

Abb. 5. Prinzipdarstellung einer Vakuum-Imprägnieranlage. Das Imprägniergefäß ist mit einer elektr. Heizungsanlage versehen

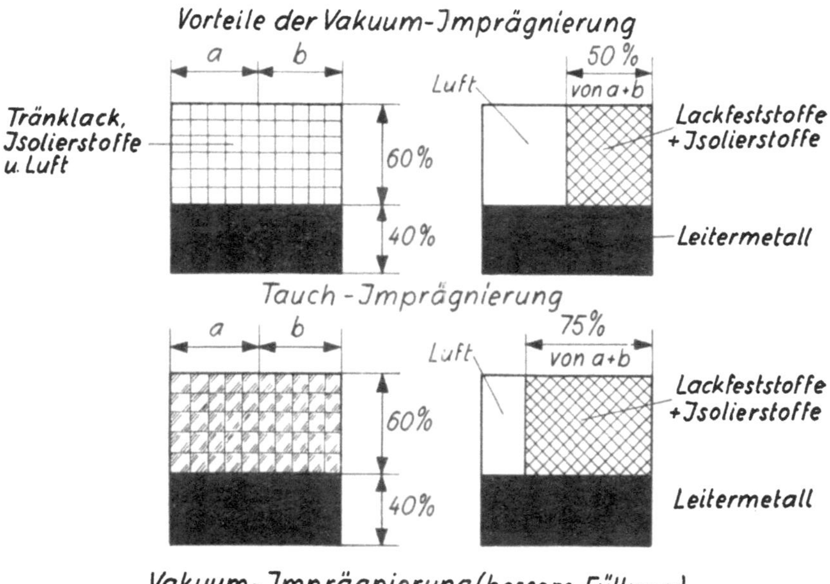

Abb. 6. Darstellung der Vorteile einer Imprägnierung unter Vakuum

räumen und langer Lagerzeit kann die Wasseraufnahme derselben sehr erheblich sein. In einem praktischen Fall wurden bei einem 25 kW, 1000 n Drehstrommotor (Ständer und Läufer zusammen) etwa 1¹/₂ Kaffeetassen Wasser im Abscheidegefäß der Vakuum-Imprägnieranlage festgestellt.

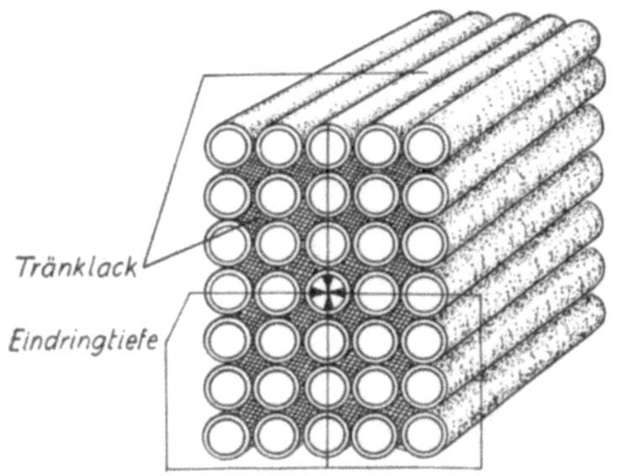

Abb. 7. Darstellung der Eindringtiefe des Tränklackes an einem Leiterbündel (Spule). Aus der Eindringtiefe ergibt sich die Notwendigkeit der Tiefentrocknung bei imprägnierten Wicklungskörpern

Mitbestimmend sind hier die in den Wicklungskörpern enthaltenen **aufsaugfähigen Stoffe,** z. B. die Papierbeklebung der Dynamobleche, Preßspan, Baumwollumspinnung der Leiter, die Umbandelung der Wicklungselemente mit Jakonettband, Nutenverschleißkeile aus Holz, Wicklungszwischenlagen aus Gewebestoffen oder Papier u. a. m.

2. Die Tränkverfahren

Die üblichen Tränkverfahren können etwa wie folgt aufgezeigt werden:

a) **Eintauchen der vorgetrockneten Wicklungskörper** in ein mit Tränklack angefülltes Gefäß (Tauchverfahren)

b) **Übergießen der vorgetrockneten Wicklungskörper** mit Tränklack im Nutzraum eines Imprägniergerätes mit Lackumlauf-Aggregat (Gießverfahren)

c) **Durchtränkung unter Vakuum** in dem Nutzraum einer Vakuum-Imprägnieranlage (Vakuum-Imprägnierverfahren).

Für einfach gelagerte Fälle (kleine und mittlere Leistungseinheiten für Spannungen bis 500 Volt) reichen die Tauch- und Gießverfahren im Regelfalle aus. Bei höheren betrieblichen Ansprüchen ist das **Vakuum-Imprägnierverfahren** vorzuziehen.

Bei den Tränkverfahren handelt es sich darum, das eigentliche Dielektrikum (den isolierenden Feststoff) in den Tränklacken in allen Wicklungsschichten möglichst gleichmäßig anzulagern.

Wie bereits an anderer Stelle erwähnt, ist es in schwierig gelagerten Fällen zweckmäßig, das Tränkverfahren mehrere Male — in entsprechenden Abständen — zu wiederholen. Man erreicht hierdurch die bestmögliche Ausfüllung der kleinen Hohlräume im Innern der Wicklung, insbesondere in den Nuten und damit einen höheren Isolationswert, eine bessere Verbackung (mechanische Stabilität) der Wicklungslagen und vor allen Dingen eine bessere Abführung der Wicklungsstromwärme an die Kühlluft.

Abb. 8. Imprägniergerät mit Lackumlauf-Aggregat (geschlossen)

Abb. 9. Imprägniergerät nach Abb. 8 (geöffnet)

Bei **mehrmaliger Imprägnierung** ist nach jedem Imprägniervorgang eine Entziehung der flüchtigen Lackbestandteile mit anschließender Zwischentrocknung erforderlich, jedoch können die einzelnen Trockenvorgänge zeitlich abgekürzt werden. Die endgültige Tiefentrocknung der gesamten Imprägnierungen wird nach dem letzten Vorgang durchgeführt und ist dann zeitlich — unter Einhaltung der jeweils vorgeschriebenen Trockentemperatur — entsprechend auszudehnen.

Für die gegebenenfalls notwendige Oberflächenbehandlung der imprägnierten Wicklungskörper mit speziellen Überzugslacken kann sowohl das Tauch- als auch das **Gieß-**, **Spritz-** oder **Streichverfahren** angewandt werden.

Das günstigste Verfahren ist das Tauchverfahren, weil mit Hilfe desselben ein lückenloser Überzug aller Wicklungsteile mit Sicherheit erreicht werden kann.

Abschnitt VII

Die Trocknung, die Trocknungsarten und Methoden

Unter der Bezeichnung „Trocknung“ versteht man in bezug auf Isolierlacke die Überführung der fließfähigen Imprägniermittel in den festen Zustand.

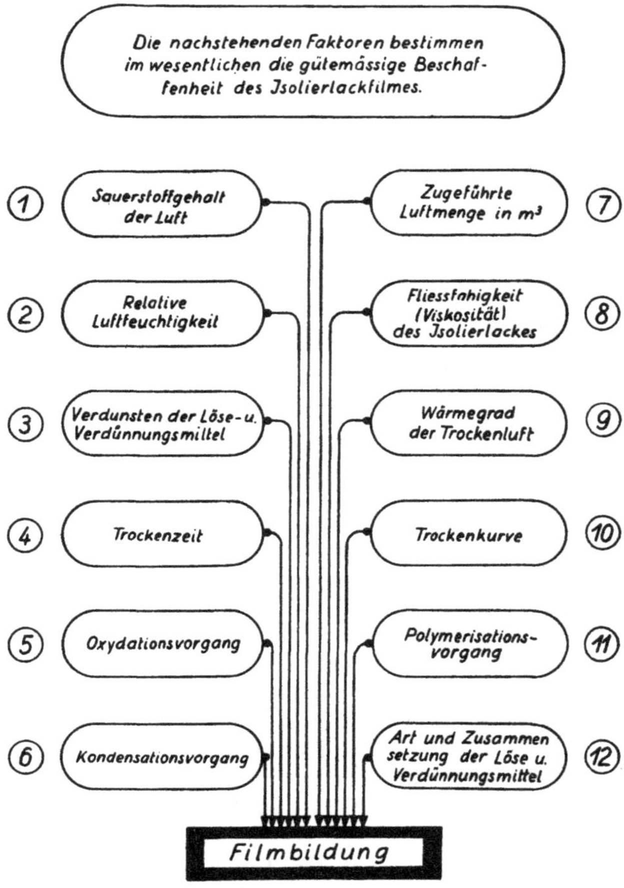

Abb. 10. Graphische Darstellung der Filmbildung im Ablauf des Trockenvorganges

Identisch hiermit ist der Begriff **„Filmbildung“.** Diese Filmbildung vollzieht sich unter Einfluß zahlreicher Faktoren, wie aus der vorstehenden Abbildung sinnfällig hervorgeht.

Die Möglichkeit, den Filmbildungsvorgang mit dem gütemäßig höchstwertigen Ergebnis beliebig oft zu wiederholen, hängt von der Gleichmäßigkeit der verschiedenen Einflüsse (während der Trocknung) ab.

Es ist erklärlich, daß bei einer Änderung der Trockentemperaturen, Trockenzeiten, der zugeführten Luftmenge, der relativen Luftfeuchtig-

Abb. 11. Temperatur-Fallbügelregler mit Programm-Regeleinrichtung (im oberen Teil des Gerätes). Hersteller: Hartmann & Braun, Frankfurt a. M.

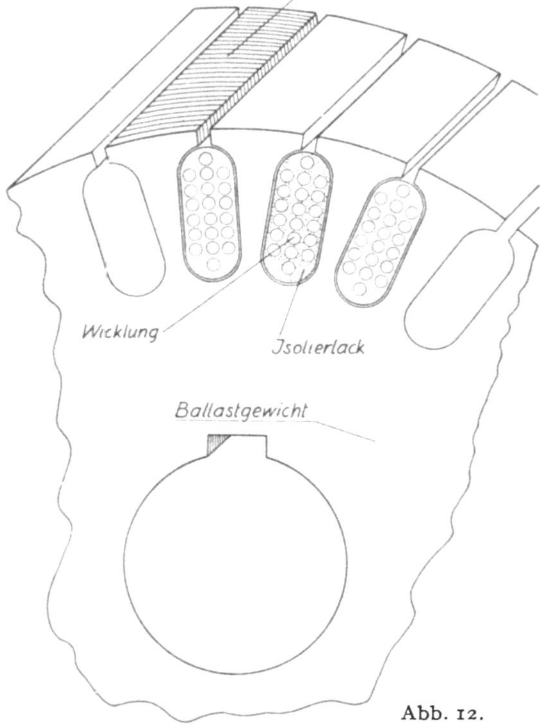

Abb. 12.

Abb. 12. Die Trockenzeiten für imprägnierte Wicklungskörper werden u. a. auch von den Ballastgewichten bestimmt, die im Ablauf des Trockenvorganges auf Nenn-Trockentemperatur erwärmt werden müssen (Ausschnitt aus einem bewickelten Läufer)

keit, der Lösemittelzusammensetzung, der Fließfähigkeit usw. mit mehr oder weniger von der Standardqualität abweichenden Endergebnissen gerechnet werden muß.

Es ist auch möglich, die Beständigkeit gewisser Einflüsse durch Einsatz geeigneter Apparate und Methoden zu erzwingen.

Ein Beispiel hierfür ist das

Programm-Temperatur-Regelverfahren

mit selbsttätig arbeitendem Fallbügel-Programmregler. Mit Hilfe dieser Regeleinrichtung lassen sich die günstigsten Trockentemperaturen in Abhängigkeit von der Zeit nach Maßgabe der sogenannten

optimalen Trockenkurve

steuern und beliebig wiederholen.

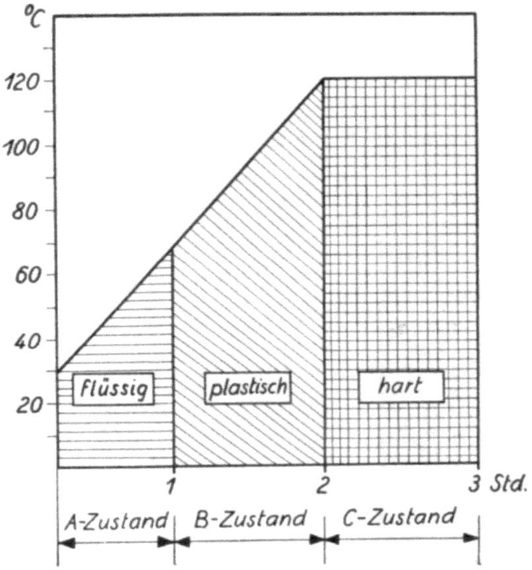

Abb. 13. Härtbare Kunstharz-Tränklacke werden im Ablauf des Trockenvorganges (Härtung) in einen unlöslichen Endzustand überführt. Dieser Vorgang vollzieht sich in drei Etappen unter dem Einfluß von Wärme. (Beispiel für einen härtbaren Kunstharz-Tränklack für eine Nenn-Trockentemperatur von etwa 120 Grad C.)

Ebenso besteht die Möglichkeit, den Nutzraum des Trockenofens mit einer Klimaanlage zu koppeln und hierdurch die relative Luftfeuchtigkeit im Ablauf der Trockenvorgänge konstant zu halten.

Zahlreiche praktische Trockenversuche haben ergeben, daß zu jeder Isolierlacktype eine bestmögliche Trockenkurve ermittelt, und daß dieselbe durch Anwendung entsprechender Mittel beliebig oft wiederholt werden kann.

Diese Erkenntnisse und Forschungsergebnisse haben zu nennenswerten Qualitätsverbesserungen in der Imprägniertechnik beigetragen und sollten daher besonders beim Einsatz härtbarer Kunstharzlacke und Silikonlacke im eigenen Interesse beachtet werden.

1. Die Belüftung des Ofen-Nutzraumes während der Trocknung

Es wurde bereits dargelegt, daß der Ofen-Nutzraum von Beginn bis zum Abschluß des Trockenvorganges belüftet werden muß.

Diese Forderung ergibt sich aus der Notwendigkeit

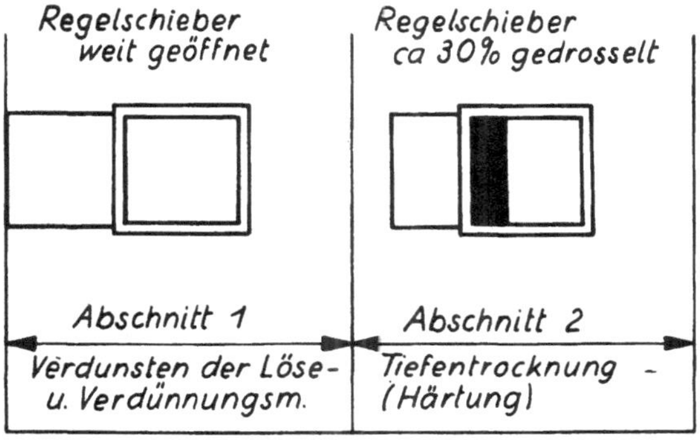

Abb. 14. Regelung des Luftansaugquerschnittes im Ablauf eines Tiefentrocknungsvorganges. Belüftung des Trockenofen-Nutzraumes

a) die flüchtigen, entzündlichen Bestandteile des Isolierlackes (Luft/Gasgemisch) kurzfristig und möglichst restlos aus dem Ofen-Nutzraum zu entfernen,

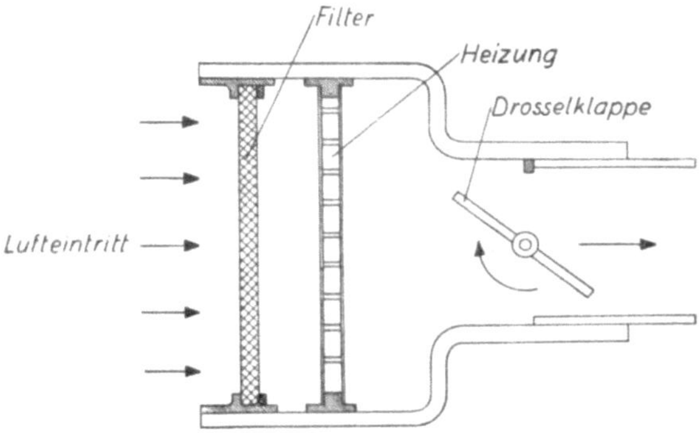

Abb. 15. Luftansaugstutzen eines elektrischen Trockenofens. Die Trockenluft wird zweckmäßig über einen Filter von Festbestandteilen befreit, durch einen elektrischen Heizkörper auf einen Einheitswert vorgewärmt und die Luftmenge mit Hilfe einer eingeordneten Drosselklappe nach Bedarf geregelt

b) ständig Frischluft in ausreichender Menge in den Nutzraum einzuführen, damit (bei Öllacken) die Filmbildung durch Zutritt von Luftsauerstoff (Oxydation) gewährleistet ist.

Ölisolierlacke benötigen zur vollkommenen Trocknung erhebliche Mengen Luftsauerstoff. Ist die zugeführte Luftmenge in m³ nicht ausreichend, dann kann auch keine vollkommene Tiefentrocknung erzielt werden.

Härtbare Kunstharzlacke trocknen an sich ohne Luftsauerstoff, lediglich durch Wärme.

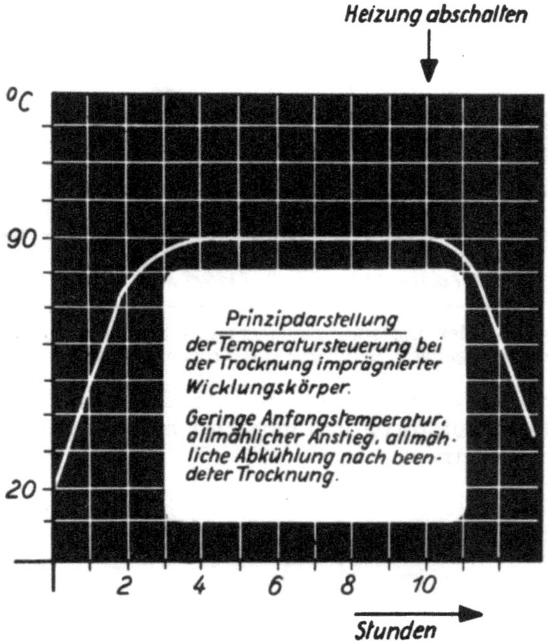

Abb. 16. Beispiel einer Trockenkurve für Tiefentrocknungen

Indessen müssen aber auch bei diesen Lacken die Löse- und Verdünnungsmittelgase aus dem Nutzraum entfernt werden und hierzu ist eine Belüftung des Ofen-Nutzraumes erforderlich.

Aber auch im Ablauf des anschließenden chemischen Vorganges (Kondensation) spalten sich aus der Lackmasse Bestandteile ab, die unbedingt aus dem Ofen-Nutzraum entfernt werden müssen. Somit ist auch bei der Anwendung härtbarer Kunstharzlacke — überhaupt bei allen Tränklacken — eine Belüftung des Ofen-Nutzraumes während des Trockenvorganges erforderlich.

Die zugeführte Trockenluft soll möglichst frei von Staub und anderen festen Bestandteilen bzw. chemischen Beimischungen sein (Einbau eines Filters im Ansaugstutzen). (Abb. 15)

Darüber hinaus soll die Luft unabhängig von der relativen Luftfeuchtigkeit der Außenluft und unabhängig von der Außentemperatur (Jahreszeit) möglichst gleichwertig sein.

Aus diesem Grunde empfiehlt es sich, den Luftfilter mit einer elektr. Heizpatrone zu koppeln und hierdurch die relative Luftfeuchtigkeit und die Lufttemperatur auf möglichst konstante Einheitswerte zu steuern.

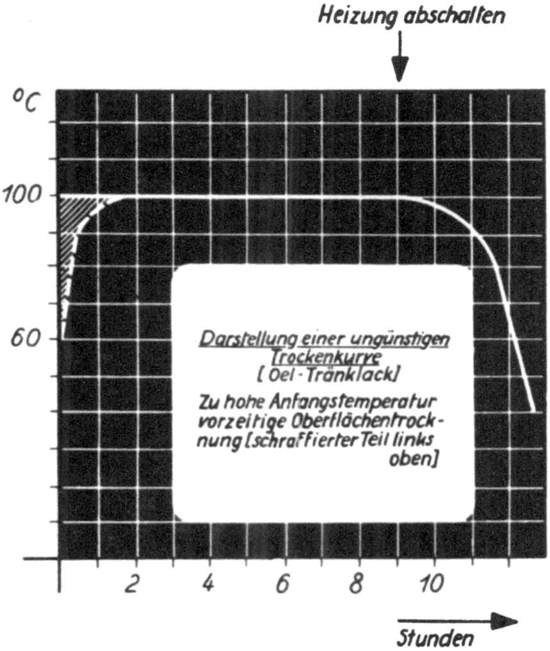

Abb. 17. Einleitung des Trockenvorganges bei zu hoher Anfangstemperatur (unerwünschte, vorzeitige Oberflächentrocknung)

In bezug auf die Luftmenge ist auch hier eine Regelung vorteilhaft und daher empfehlenswert.

In dem ersten Abschnitt der Trocknung (Verdunsten der flüchtigen Lackbestandteile) sollen die **Drosselklappen** an dem Ofen-Nutzraum **weit geöffnet sein.**

Im ersten Teil des zweiten Abschnittes kann mit Rücksicht auf den notwendigen Temperaturanstieg eine Drosselung des Ansaugquerschnittes um etwa 25—30% vorgenommen werden.

Aber auch **nach** dem Abschalten der Heizung ist eine Belüftung des Nutzraumes erforderlich.

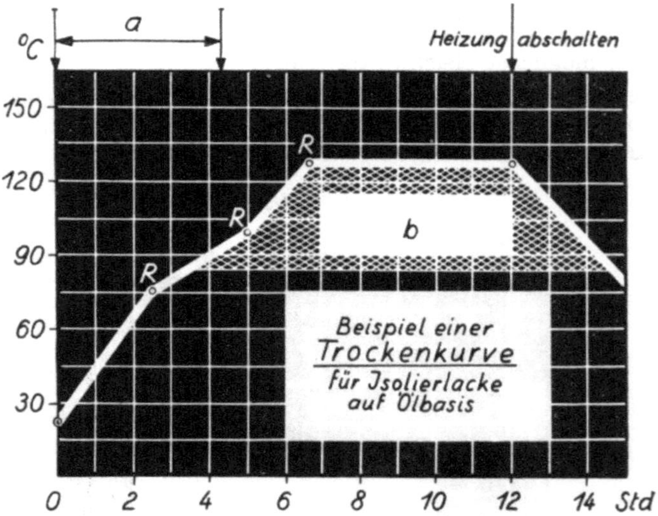

a = Verdunsten der Lösemittel *b* = Tiefentrocknung *R* = Regler
Abb. 18. Beispiel einer Trockenkurve für Öl-Tränklacke

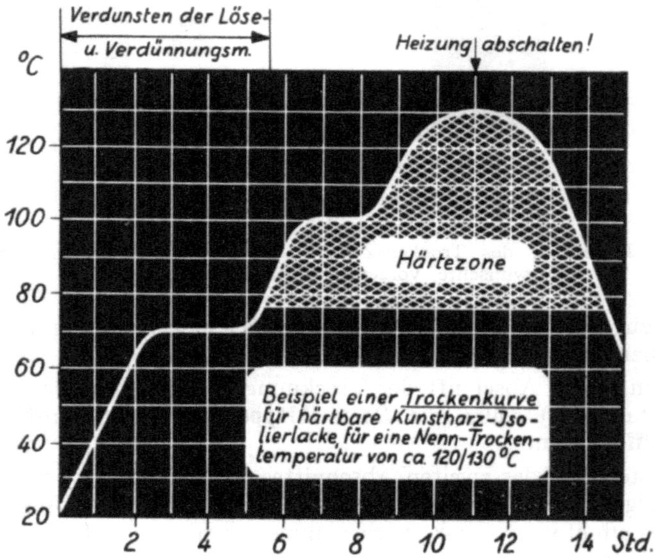

Abb. 19. Beispiel einer Trockenkurve für härtbare Kunstharz-Tränklacke

Um eine plötzliche Abkühlung und als Folge hiervon spontane (nachteilige) Schrumpfungsvorgänge an dem Beschickungsgut zu verhindern, dürfen die Ofentüren nicht sofort nach dem Abschalten der Heizung weit geöffnet werden. Die Abkühlung des Beschickungsgutes von der max. Nenn-Trockentemperatur bis auf etwa 30—40° C soll zweckdienlich bei geschlossenen oder nur ganz gering geöffneten Ofentüren erfolgen. In der Abb. 16 ist dieser Vorgang dargestellt.

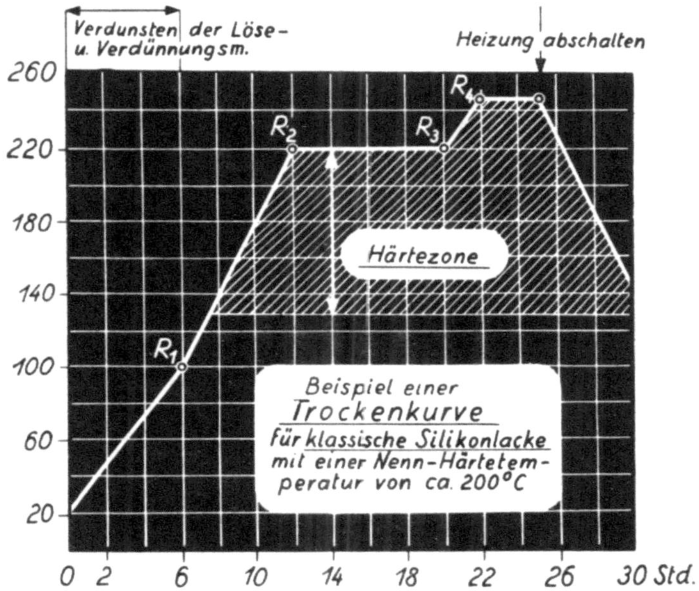

Abb. 20. Beispiel einer Trockenkurve für klassische Silikonlacke

Im Zusammenhang hiermit sei erwähnt, daß auch bei Einsatz einer Vakuum-Imprägnier- und Trockenanlage mit elektrischer Beheizung der Trockenraum **nach** dem Absaugen der Löse- und Verdünnungsmittel eine Frischluftzuführung erhalten muß, und zwar besonders dann, wenn Öllacke zur Anwendung kommen. Ohne Zuführung von Luftsauerstoff ist eine vollkommene Trocknung dieser Lacke nicht möglich.

Der beheizte Nutzraum der Vakuum-Imprägnier- und Trockenanlage muß daher auch einen mit Filter versehenen Luft-Ansaugstutzen besitzen. Zwischen dem Filter und dem Imprägnier- und Trockenraum ist ein verschließbarer Schieber (Ventil) erforderlich, der beim Evakuieren des Nutzraumes geschlossen bleibt und erst anschließend geöffnet wird.

Bei der Anwendung härtbarer Kunstharzlacke in Vakuum-Imprägnieranlagen ist es empfehlenswert, die eigentliche Trocknung (Härtung) nach der Imprägnierung und nach dem Entzug der Löse- und Verdünnungsmittel unter Vakuum in einem gesonderten, mit allen neuzeitlichen Meß- und Regeleinrichtungen versehenen, elektrischen Trockenofen durchzuführen. Der Übergang von der Imprägnieranlage auf die Trockenanlage soll möglichst kurzfristig geschehen.

2. Die Trocknung der Silikonlacke

Wie bereits erwähnt, stellen die Silikonlacke in der Familie der Isolierlacke eine vielversprechende Sondergruppe dar und zwar nicht nur in bezug auf den rohstofflichen Aufbau, sondern auch hinsichtlich der Trocknung.

Die Silikonlacke gehören zu den härtbaren Kunstharzlacken und werden im praktischen Einsatz nach Maßgabe der aufgezeigten Richtlinie für härtbare Lacke behandelt. Es liegt in dem rohstofflichen Aufbau der Silikonlacke begründet, daß relativ hohe Trockentemperaturen und lange Trockenzeiten aufgewandt werden müssen. Die Trockentemperaturen der reinen Silikonlacke liegen bei etwa 180—250° C. Die Trockenzeiten richten sich im wesentlichen nach der Größe (Massegewichte) der Werkstücke und nach der Temperaturhöhe im Ofen-Nutzraum.

In letzter Zeit konnten die Trockenzeiten durch Zusatz sogenannter Härtbeschleuniger (z. B. Bleinaphtenat) bereits erheblich verkürzt werden. Weitere Anwendungserleichterungen auf Grund der Entwicklung neuer Silikonlacktypen sind zu erwarten.

Es gibt aber auch — wie an anderer Stelle erwähnt — abgewandelte Silikonlacke (das sind härtbare Kunstharzlacke mit einem Anteil Silikonharze). Die Trocknung dieser Lacke kann bei etwa 120—130° C und in normalen Trockenzeiten durchgeführt werden. Die abgewandelten Silikonlacke sind gütemäßig nicht so hochwertig wie die reinen (klassischen) Silkonlacke, liegen jedoch in der Gütebewertung mehr oder weniger über den normalen härtbaren Kunstharzlacken.

Der erfolgreiche Einsatz der reinen Silikonlacke erfordert die sorgfältige Beachtung der Anwendungsvorschriften und entsprechende Trockeneinrichtungen. Vor allen Dingen ist der Ablauf des Trockenvorganges in bezug auf den Verlauf der Trockenkurve in Abhängigkeit von Zeit und Temperatur durch entsprechende Vorversuche festzulegen.

Zwecks Erreichung der max. Oberflächenhärte ist im letzten Abschnitt der Trocknung (Härtung) eine Temperatur von 200—250° C empfehlenswert. Beim Einsatz abgewandelter Silikonlacke liegen die Verhältnisse einfacher.

3. Vorzeitige Oberflächentrocknung infolge zu hoher Anfangstemperatur bei der Durchführung von Tiefentrocknungen

Aus den Trockenkurven Abb. 16-20 geht hervor, daß der Trockenvorgang bei mäßiger, allmählich steigender Temperatur eingeleitet wird. Die Anfangstemperatur entspricht im Regelfalle der Raumtemperatur = etwa 18—20° C.

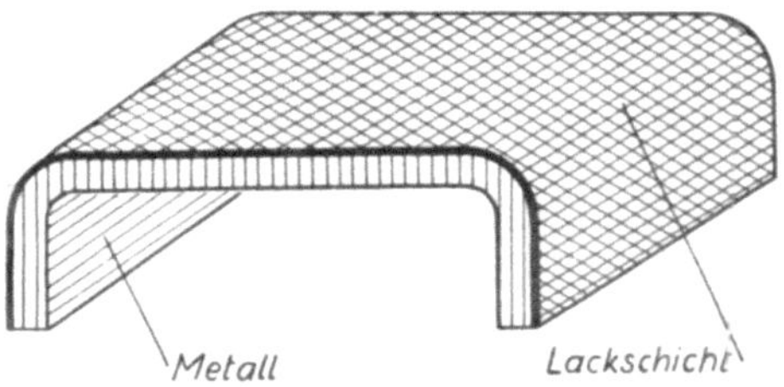

Abb. 21. Beispiel einer reinen Oberflächentrocknung an einem einseitig spritzlackierten Metallteil

Das **allmähliche** Aufheizen des Beschickungsgutes hat folgende Gründe:

1. Die Verdampfung der Löse- und Verdünnungsmittel beginnt in der Regel bereits bei Raumtemperatur.
2. Durch die **allmähliche** Temperatursteigerung sollen die Löse- und Verdünnungsmittel beschleunigt zum Verdunsten gebracht und aus den imprägnierten Wicklungskörpern entfernt werden.
3. Die Begrenzung der Temperaturhöhe in dem ersten Abschnitt soll insbesondere eine vorzeitige (unerwünschte) Oberflächentrocknung verhindern.

   Die Filmbildung soll tunlichst erst dann beginnen, wenn die flüchtigen Lackstoffe aus den Wicklungskörpern entfernt sind und die Ballastgewichte gleichmäßig bis auf den jeweiligen Nennwert erwärmt sind (Aufheizung der Eisen- und Metallmassen).

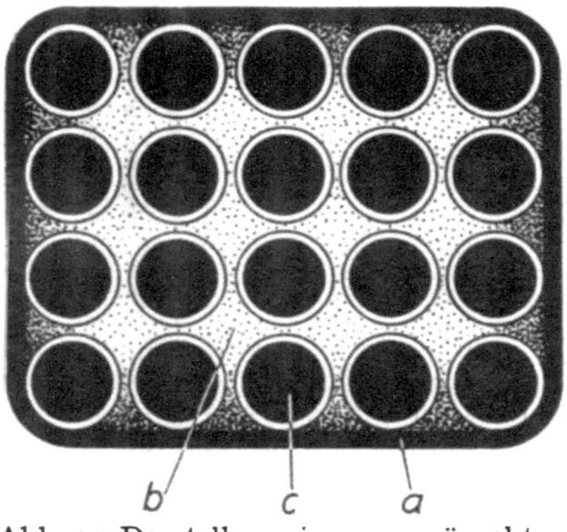

Abb. 22. Darstellung einer unerwünschten, vorzeitigen Oberflächentrocknung an einem umbandelten Leiterbündel (Spule). Infolge vorzeitiger Filmbildung an den Außenflächen wird ein Teil der flüchtigen Lackbestandteile im Innern der Wicklung eingeschlossen. Die angestrebte Tiefentrocknung wird hierdurch erschwert bzw. verhindert

In der Abb. 22 ist dargestellt, daß bei einer vorzeitigen Oberflächentrocknung ein mehr oder weniger wesentlicher Teil der flüchtigen Lackstoffe im Inneren der Wicklung eingeschlossen wird und nicht mehr nach außen entweichen kann. In solchen Fällen ist und bleibt die Trocknung unvollkommen und hierdurch entsteht die Gefahr des Eintritts von Fehlschlägen. Das trifft sowohl auf Öllacke als auch auf alle anderen Tränklackarten zu, wenn Tiefentrocknung in Betracht steht. Es wurde bereits darauf hingewiesen, daß die flüchtigen Lackstoffe mehr oder weniger (elektrisch) leitfähig sind.

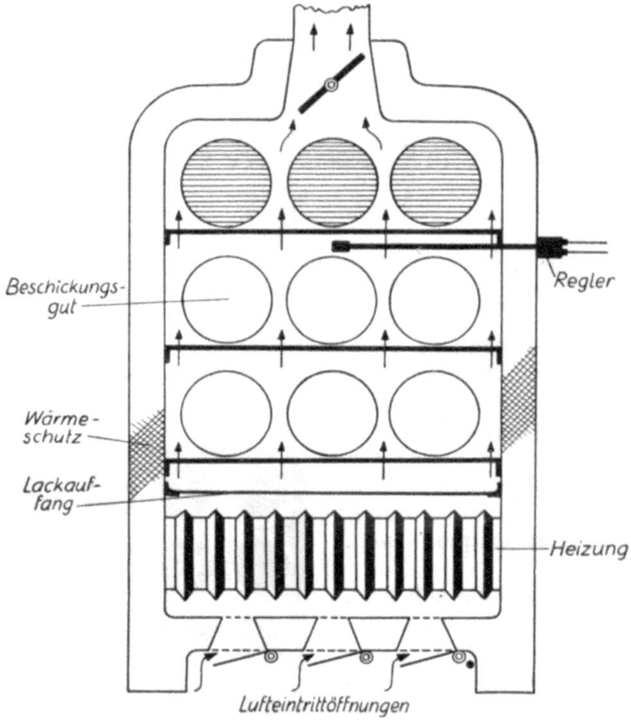

Abb. 27. Prinzipdarstellung eines elektrischen Trockenofens — ohne Luftumwälzung durch zusätzlichen Lüfterflügel —

Abschnitt VIII

1. Die konstruktive Auslegung der Trockenöfen

Nach den gewerbepolizeilichen Bestimmungen sollen Lacktrockenöfen grundsätzlich indirekt beheizt und der Dunstabzug soll an einen besonderen Kamin angeschlossen werden (Feuerverhütungsvorschriften).

In der Regel werden die in der Imprägniertechnik verwendeten Trockenöfen aus Eisenblech und Profileisen, und zwar doppelwandig hergestellt. Der hierbei entstehende Hohlraum zwischen den Innen-

und Außenwänden wird mit schlechten Wärmeleitern (z. B. Glaswatte, Sterchamol) ausgefüllt. Der Abstand zwischen den Innen- und Außenwänden beträgt etwa 8—10 cm, je nach Größe des Ofens und nach der max. Trockentemperatur.

Die Heizung (in der Regel elektrische Widerstandsheizung) wird im unteren, von dem Nutzraum abgeschlossenen Teil des Ofens angeordnet.

Der Nutzraum erhält eine oder mehrere Lufteintritt- und Austrittsöffnungen von ausreichendem Querschnitt. Beide werden zweckmäßig mit Regelschieber versehen.

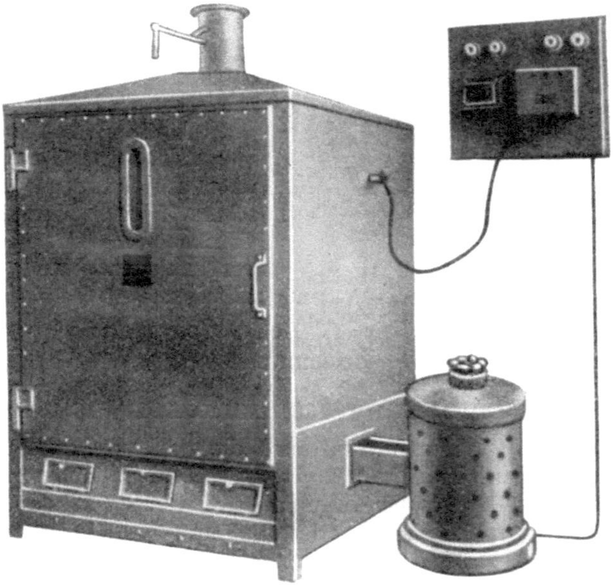

Abb. 24. Beispiel eines elektrischen Trockenofens gemäß Abb. 23. Ausführung mit elektr. Großflächen-Widerstandsbeheizung über einen Heiztransformator

Die Ansaugöffnungen erhalten je einen heizbaren Luftfilter.

Jeder neuzeitliche Trockenofen besitzt eine Temperatur-Meß- und Regelanlage, bestehend aus einem einstellbaren Wärmefühler und einem Temperatur-Anzeigegerät.

2. Ofenanstrich

Die Innen- und Außenflächen der Trockenöfen erhalten aus wärmetechnischen Gründen und als Korrosionsschutz einen wärmebeständigen, hellfarbigen mit Aluminiumpigment versehenen Lacküberzug, der in der Regel im Spritzverfahren hergestellt wird.

3. **Trockenöfen mit Luftumwälzung im Nutzraum?**

Die Frage, ob eine Luftumwälzung bei Tiefentrocknung Vorteile bietet, kann nicht vorbehaltlos bejaht werden.

Abb. 25. Trockenofen nach Abb. 24 (geöffnet)

Beispielsweise kann durch eine lebhafte Luftumwälzung bei Verwendung von Öllacken die bereits erwähnte (nicht erwünschte, vorzeitige) Oberflächentrocknung eintreten, weil durch eine intensive Sauerstoffzufuhr die Filmbildung bei diesen Lacken gefördert wird (siehe Abb. 22).

Bei gewollten Oberflächentrocknungen z. B. bei der Trocknung äußerlich lackierter Metall- oder Eisenteile (Abb. 21) ist die möglichst kurzfristige Oberflächentrocknung erwünscht. Für solche Zwecke sind daher auch Trockenöfen mit Luftumwälzungsanlagen vorteilhaft und berechtigt.

Abschnitt IX

Die Imprägnierung von Lackdrahtwicklungen

Es sei vorweg genommen, daß auch die Lackdrahtwicklungen elektrischer Maschinen, Transformatoren und Starkstromapparate grundsätzlich in geeigneten Isolier-Tränklacken imprägniert werden sollten, und zwar nicht nur aus Gründen der Spannungssicherheit, sondern ganz besonders wegen der erforderlichen mechanischen Stabilität der Wicklungen (Verbackung = Kurzschlußfestigkeit).

Die früher mit Recht gefürchtete Anlösungsgefahr der Drahtlackschicht, ist durch die Entwicklung der sogenannten

Neustoff-Lackdrähte

in fortschrittlicher Weise überbrückt bzw. bis auf Sonderfälle beseitigt worden.

Nach DIN 46435 Blatt 2 (Dezember 1954) Absatz 2 werden die Lackdrähte in zwei Güteklassen hergestellt, und zwar:

a) Drähte, die vorzugsweise für elektrische Maschinen verwendet werden (Type M),

b) Drähte von 0,03—1,0 mm ∅, die vorzugsweise für den Bau von Fernmelde- und Meßgeräten verwendet werden (Type F).

Die Kennzeichen werden nach Absatz 3.2 DIN 46435 Blatt 2 auf den Lieferspulen vermerkt.

Die Lösemittelbeständigkeit der Lackdrahttypen M u. F ist verschieden.

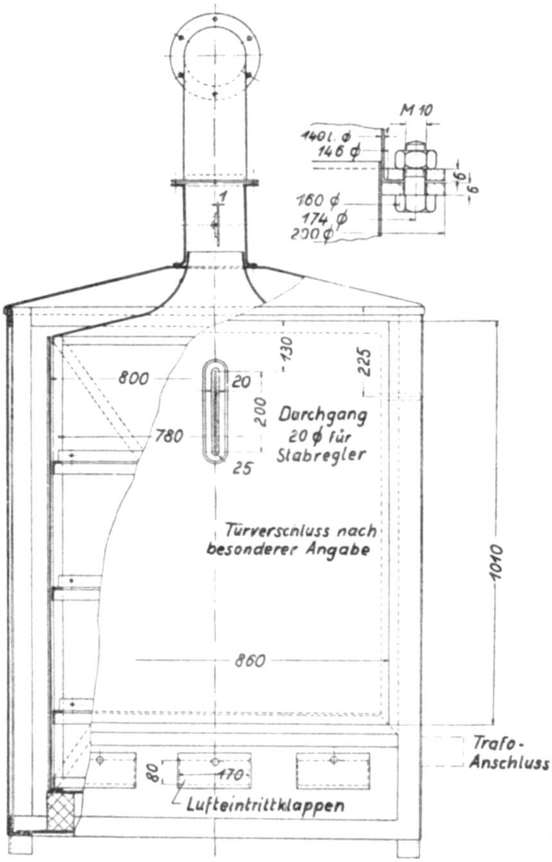

Abb. 26. Fertigungszeichnung (Vorderansicht) eines elektrischen Trockenofens mit einem Nutzraum von etwa 80 · 80 · 95 cm und einem Anschlußwert von 3—5 kVA. Doppelwandige Ausführung aus Profileisen und Blech. Totalgewicht: etwa 315 kg, für Trockentemperaturen bis etwa 120 Grad C, am Werkstück gemessen. Anheizleistung: etwa 5 kVA, Dauerleistung: etwa 3 kVA

Werkstoffliste:

0,9 m Winkeleisen 70 · 70 · 7 mm	12,2 m Flacheisen 50.6 mm
9,3 m Winkeleisen 55 · 55 · 6 mm	48,0 m Flacheisen 30.4 mm
6,5 m Winkeleisen 45 · 45 · 5 mm	1 m² Eisenblech 2 mm
16,5 m Winkeleisen 30 · 30 · 4 mm	0,5 m Eisenblech 1 mm.

Nach DIN 46435, Blatt 2, Absatz 17 (Beständigkeit der Lackisolierung gegen Spulentränklack) sind die Mindestwerte wie folgt gekennzeichnet:

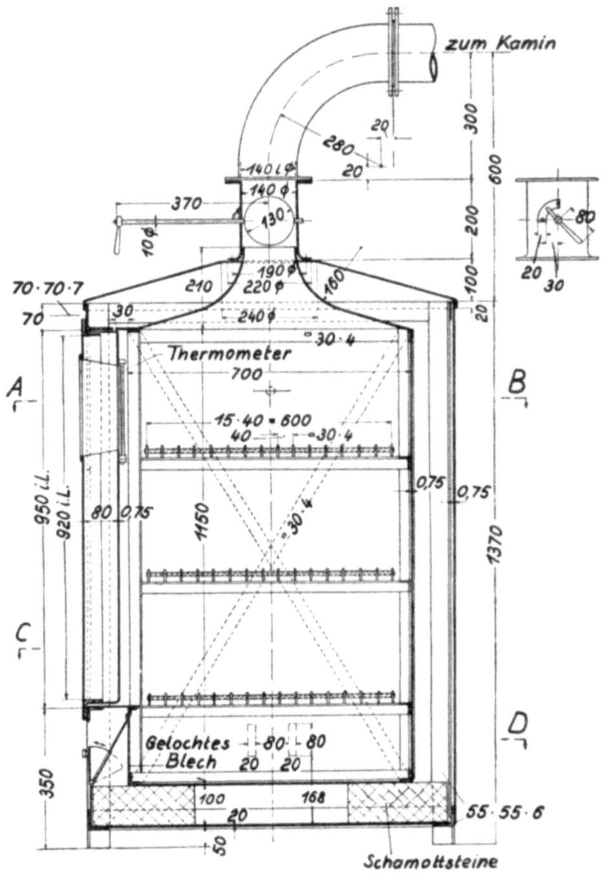

Abb. 27. Fertigungszeichnung nach Abb. 24 (Seitenansicht)

Werkstoffliste: (Fortsetzung)

8,0 m² Eisenblech 0,75 mm 4 Flanschen 7,2 m Rundeisen $^1/_4$ mm
7,0 m Distanzrohre $^1/_4$ mm G 6 Schamottsteine Schrauben, Band-Heizleiter

a) für Lackdrahttype M = Bleistifthärte H,
b) für Lackdrahttype F = nach Vereinbarung.

Der Mindestwert für die Drahttype **M** ist mit der Härteziffer „H" (siehe auch DIN 46435, März 1943, Seite 2, Absatz G) insofern gering angesetzt, als Neustofflackdrähte mit synthetischen Drahtlacken auf der

Basis Polyvinylazetal mit Härteziffern 7—8 H ohne Schwierigkeiten hergestellt werden können. Ebenso ist auch die Einwirkung der Spulentränklacke auf Lackdrähte verschieden (DIN 46456, Seite 2, Absatz 13), weil die Lösekraft der flüchtigen Lackbestandteile je nach der rohstofflichen und rezeptlichen Zusammensetzung der Tränklacke verschieden ist.

Die hier aufgezeigte Situation sollte daher bei Lackdraht- und Isolierlackbestellungen sorgfältig beachtet werden, damit Anlösungsrückschläge von vornherein ausgeschaltet werden.

Es ist daher empfehlenswert, bei Bestellungen von Lackdrähten der Type M die erforderliche Härteziffer in H (z. B. 3, 4, 5, 6, —8 H) anzugeben.

Bei der Auswahl und bei der Bestellung der Tränklacke für Lackdrahtwicklungen ist es ebenfalls zweckdienlich, die vorgesehene Lackdrahttype und die Härteziffer derselben anzugeben.

Tränklacke auf der Basis härtbarer Kunstharze erfordern in der Regel eine höhere Härteziffer als beispielsweise Tränklacke auf Ölbasis mit Benzinkohlenwasserstoffen als Lösemittel.

Es ist zu beachten, daß außer den Neustoff-Lackdrähten (Type M) auch solche mit Einbrennlacken auf Ölbasis hergestellt werden (Type F). Die Lösungsmittelbeständigkeit dieser Drähte ist in der Regel geringer als diejenige der Neustoff-Lackdrähte.

Lackdrähte und Tränklacke müssen daher aufeinander abgestimmt werden. Lackdrähte und Tränklacke mit unbekannten Eigenschaften und Gütewerten sollten nicht verwendet werden.

Abschnitt X

Über den Aufbau der Wicklungsisolation

Der Begriff „Wicklungsisolation“ umschließt eine Vielzahl einzelner Stoffe, die insgesamt die Wicklungsisolation darstellen.

Je nach den betrieblichen Anforderungen, die jeweils an elektrische Maschinen gestellt werden, können die einzelnen Stoffe recht unterschiedliche Eigenschaften und Gütewerte aufweisen. Der effektive Gütewert einer Wicklungsisolation ergibt sich etwa aus dem Mittel der Einzelgütewerte derjenigen Stoffe, die insgesamt die Wicklungsisolation darstellen. Man unterscheidet hierbei im wesentlichen

a) die Isolierlackträger und

b) die eigentlichen Isolierstoffe (Feststoffe der Isolierlacke).

Die organischen Lackträgerstoffe, z. B. Baumwolle, Zellwolle, Seide, Kunstseide, Papier, Preßspan u. a. m. sind lediglich ein Mittel zum Zweck. Dieselben erhalten ihren Isolationswert erst durch die Tränkung in geeigneten Tränklacken nach vollzogener, fach- und sachgemäßer Trocknung.

Dagegen stellen beispielsweise organische Kunststoffolien (z. B. Triazetatfolien) vollwertige Isolierstoffe dar. Eine Durchtränkung solcher Folien mit Isolierlack ist praktisch nicht möglich, aber auch nicht erforderlich. Die Folien sind indessen nur ein Bestandteil der Wicklungsisolation.

Glasseidenumspinnung oder Umklöppelung, sowie auch Glasgewebe sind anorganischen Ursprungs und stellen bereits in unimprägniertem

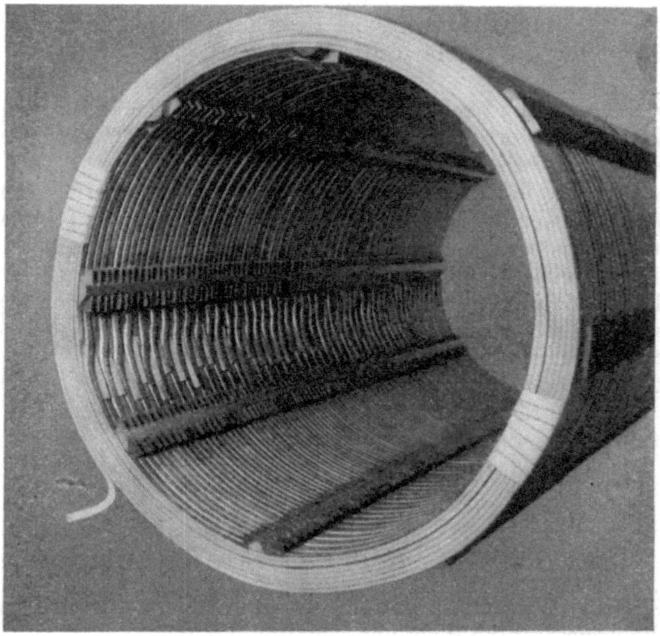

Abb. 28. Zylinderwicklung eines Transformators

Zustand ein Dielektrikum, also einen Isolierstoff dar. Der Glasseidenfaden und die Glasgewebe sind an sich nicht hygroskopisch (aufsaugefähig), d. h. der Isolierlack kann nicht in das Innere der Glasfäden eindringen.

Dennoch müssen auch die Leiterumspinnungen und Gewebe aus Glasfäden in hochwertigen, wärmebeständigen Tränklacken (silikonhaltigen oder reinen Silikonlacken) imprägniert werden, und zwar:

a) weil innerhalb der Umspinnung bzw. der Gewebe mit Feuchtigkeit angereicherte Lufträume vorhanden sind, die mit Lackkörper ausgefüllt werden müssen.
b) die Abriebfestigkeit sowie die mechanische Stabilität der Gespinste und Gewebe durch die Imprägnierung erhöht werden muß.

Der anorganische Isolierstoff „Glimmer" nimmt ebenfalls keinen Isolierlack auf. Glimmer ist in gegebenen Fällen fast regelmäßig nur ein Bestandteil der Wicklungsisolation. Als Mehrschichten-Nutenisolation kommt Glimmer z. B. in Verbindung mit hochwertigem Papier und Klebelack unter der Werkstoffbezeichnung „Mikafolien" zum Einsatz.

Abb. 29. Isolierarbeiten an einem Hochspannungs-Generator

Für den Aufbau der Wicklungsisolation sind im wesentlichen folgende Gesichtspunkte maßgebend:

1. die Höhe der Betriebsspannung,
2. die thermische Beanspruchung (Werkstoffklasse A, Ah, B, C),
3. die atmosphärischen Einflüsse am Verwendungsort der Maschinen (Feuchtigkeit, Gase, Laugen, Tropen u. a. m.),
4. die mechanische Beanspruchung (Druck, Zug, Rüttelkräfte, Abrieb),
5. die Betriebsart (siehe auch Tabelle Seite 46).

Eine Wicklungsisolation nach der **Wärmebeständigkeitsklasse A** kann demgemäß etwa wie folgt zusammengesetzt sein:

6. Baumwollumspinnung der Leiter (Umbandelung der Wicklungselemente mit Jakonettband-Baumwolle),
7. Preßspan als Nutenisolation,
8. Triazetatfolie als Beilage zur Nutenisolation,
9. Isolier-Tränklack + Überzugslack. .

Nach der Wärmebeständigkeitsklasse B kann die Wicklungsisolation etwa wie folgt zusammengesetzt sein:

10. Glasseidenumspinnung der Leiter,
11. Umbandelung der Wicklungselemente mit Glasseidenband,
12. Nutenisolation aus imprägniertem Glasgewebe,
13. silikonhaltiger Tränklack oder reiner Silikonlack.

In bezug auf die Wärmebeständigkeit der Wicklungsisolation kann als Gütemaßstab etwa der Beständigkeitswert derjenigen Stoffe gelten, die zum überwiegenden Teil die Wicklungsisolation darstellen.

Es ist jedoch nicht zweckentsprechend, als Leiterisolation Glasseide und als Nutenisolation Preßspan mit Kunststoffolieneinlage beim Aufbau der Wicklungsisolation zu verwenden. Die hohe Wärmebeständigkeit der Glasseidenumspinnung kommt hierbei nicht zur Geltung, weil die Nutenisolation „Preßspan“ zur Wärmeklasse A gehört und einen wichtigen Bestandteil der Wicklungsisolation darstellt.

Ähnlich ungünstig liegen die Verhältnisse, wenn die Leiterisolation, die Nutenisolation und die Umbandelung aus Glasseide gewählt wird, aber für die Imprägnierung der gesamten Wicklungsisolation beispielsweise organische Tränklacke zur Anwendung kommen. Diese Isolierlacke gehören zur Werkstoffklasse A, während alle übrigen genannten Stoffe zur Werkstoffklasse B zählen. Die Bewertung muß also im vorstehenden Beispiel nach Klasse A-Ah erfolgen.

In jedem Falle ist der Tränklack für die Qualität der Wicklungsisolation ein ausschlaggebender Faktor.

Abschnitt XI

Einsatzbeispiele für die verschiedenen Isolierlacktypen

Der Einsatz der verschiedenen Isolierlacktypen richtet sich im wesentlichen nach den betrieblichen Anforderungen, die am Bestimmungsort an die elektrische Maschine gestellt werden. Zu beachten sind folgende Faktoren:

1. Die Höhe der Betriebsspannung (VDE, 0530/2.51, §§ 48—53),
2. die Bauform der Maschinen (offen, ventiliert, geschlossen),

3. die Betriebsart (VDE 0530/2.51, §§ 28—30),
4. die Wicklungstemperatur (VDE 0530/2.51, §§ 31—40)*),
5. die atmosphärischen Verhältnisse am Aufstellungsort (Feuchtigkeit, Schwitzwasserbildung, tropisches Klima, chemische Verunreinigungen der Kühlluft, anormale Kälte, anormale Wärme, Gewitter u. a. m.),
6. häufiger Drehrichtungswechsel (Umsteuerung), Schalthäufigkeit, elektrische Bremsung, Anlaufverhältnisse (Halblast-, Vollast-, Schwerlast-Anlauf), stoßweise Belastung, Überbelastung,
7. Auftreten von schädlichen Spannungswellen in Hochspannungsnetzen(bei Hochspannungsmaschinen und Transformatoren),
8. Mechanische Beanspruchung der Wicklungen durch Stromstöße und dynamische Kräfteeinwirkung auf die Wicklungselemente, Fliehkräfte bei umlaufenden Wicklungen, Rüttelkräfte, Beanspruchungen auf Zug und Druck, Abreibung durch Kühlluftbestandteile.

Erfahrungsgemäß ist die Spannungssicherheit bei ruhenden Wicklungen bis etwa 500 Volt verhältnismäßig leicht zu erreichen. Im Betriebszustand der Wicklungen treten jedoch Einflüsse und Vorgänge in Erscheinung, welche die Spannungssicherheit mehr oder weniger herabsetzen, und zwar sind hier:

a) die Höhe der Wicklungstemperatur,
b) der Grad der Luftfeuchtigkeit,
c) die mechanischen Beanspruchungen der Wicklungen

als äußerst wichtige Einflüsse zu nennen.

Es wurde bereits erwähnt und an graphischen Darstellungen erläutert, daß der Durchgangswiderstand zwischen Isolation und Wicklung bei ansteigender Wärme und bei ansteigender Luftfeuchtigkeit erheblich abfällt.

Weitaus einschneidender wirkt sich jedoch die gleichzeitige mechanische Beanspruchung der Wicklungselemente auf die Lebensdauer der Wicklungsisolation aus (Zug, Druck, Abrieb, Rüttelkräfte).

Langfristige Untersuchungen und Beobachtungen haben ergeben, daß die überwiegende Zahl der Wicklungsdurchschläge auf den vorzeitigen **mechanischen Verschleiß** der Wicklungsisolation zurückzuführen ist.

In der nachstehenden Tabelle sind die wichtigsten Einflüsse aufgezeigt und die Isolierlacke genannt, die den jeweilig vorliegenden, betrieblichen Beanspruchungen bestmöglichst entsprechen.

---

*) Nach dem Neuentwurf VDE 0530/. . . . 54 sind die Werkstoffklassen Y, A, E, B, F, H u. C etwa gemäß Vorschläge der internationalen El. Kommission (IEC) vorgesehen.

Tabelle

1	2	3	4
Lfd. Nr.	**Maschinenart, Antriebsverhältnisse, Bauart, Aufstellungsort, Wettereinflüsse u. a. m.**	**Geeignete Tränklacktypen**	**Anzahl der Imprägnierungen Überzugslacke**
1	**Klein-Kollektormotoren** mit hohen Ankerdrehzahlen (hohe Fliehkraftbeanspruchung) Werkstoffklasse A—Ah	a) für die Ankerwicklung härtbare Kunstharzlacke b) für die Magnetwicklungen Öl-Tränklacke	1 mal Tränken, Ofentrocknung + Schutzüberzug lufttrocknend
2	**Drehstrom-Käfigläufermotoren,** alle Bauformen für Spannungen bis 500 Volt, 50 Hz, Aufstellung in geschlossenen, belüfteten und beheizten Räumen, Werkstoffklasse A—Ah	härtbare Kunstharzlacke (die Ständerwicklungen werden durch hohe Anlaufströme mechanisch stark beansprucht)	1 mal Tränken, Ofentrocknung + Schutzüberzug lufttrocknend
3	Desgl. solche für hohe Schalthäufigkeit, Drehrichtungswechsel, elektr. Bremsung, Vollast- und Schwerlastanlauf, stoßweise Belastung, betriebsmäßig auftretende Rüttelkräfte sonst wie Ziffer 2, Werkstoffklasse A—Ah	härtbare, backfeste Kunstharzlacke (die Ständerwicklungen werden in hohem Maße auf Kurzschlußfestigkeit beansprucht)	2 mal Tränken. Ofentrocknung
4	wie Ziffer 2—3, jedoch außerdem für erhöhte thermische Beanspruchung der Wicklungsisolation, zeitweise über Werkstoffklasse Ah hinaus	härtbare, silikonhaltige Kunstharzlacke für Trokkentemperaturen etwa 130 bis 140° C (Nutenisolation getränktes Glasgewebe, Umbandelung der Wicklungselemente Glasgewebe)	2mal Tränken, Ofentrocknung nach Angabe des Lacklieferanten
5	**Schleifringläufermotoren** Beanspruchung etwa gemäß Ziffer 3—4, Spalte 2	härtbare Kunstharzlacke für die Ständer und Läuferwicklungen. Nach Ziffer 4, Spalte 2: silikonhaltige, härtbare Kunstharzlacke	2 mal Tränken, Ofentrocknung nach Angabe des Lacklieferanten
6	**Elektr. Maschinen aller Art für tropische und subtropische Verwendungsgebiete**	a) härtbare Kunstharzlacke, b) härtbare, silikonhaltige Kunstharzlacke c) für Nuten- und sonstige Isolationen keine organischen Stoffe verwenden	2 mal Tränken, Ofentrocknung nach Angabe des Lacklieferanten (Vakuum-Tränkung empfehlenswert)

1	2	3	4
Lfd. Nr.	**Maschinenart, Antriebsverhältnisse, Bauart, Aufstellungsort, Wettereinflüsse u. a. m.**	**Geeignete Tränklacktypen**	**Anzahl der Imprägnierungen Überzugslacke**
7	**Elektr. Maschinen, Transformatoren und Starkstromapparate** für thermische Beanspruchung nach VDE-Werkstoffklasse B—C	Silikonlacke, Nuten- und sonstige Isolation: aus anorganischen Stoffen (getränktes Glas- oder Asbestgewebe, Mikafolien)	2 mal Tränken, Ofentrocknung bei entsprechender Temperatur nach Angabe des Lacklieferanten
8	**Elektr. Maschinen aller Art,** die im Freien oder in Räumen mit hoher relativer Luftfeuchtigkeit Verwendung finden sollen (auch erhöhte Feuchtigkeitsbeanspruchung durch Schwallwasser, Spritzwasser, Nebel)	a) bei normaler betrieblicher Beanspruchung: Tränklacke auf Ölbasis b) bei erhöhter betrieblicher Beanspruchung: härtbare Kunstharzlacke c) bei hoher betrieblicher Beanspruchung: härtbare, silikonhaltige Kunstharzlacke	a) 2 mal Tränken, Ofentrocknung + Feuchtigkeits-Schutzlacküberzug lufttrocknend b) 2 mal Tränken, Ofentrocknung + Feuchtigkeitsüberzug, lufttrocknend c) 2 mal Tränken, Ofentrocknung + Feuchtigkeits-Schutzlacküberzug (Tränkung unter Vakuum empfehlenswert)
9	Wie Ziffer 8 Aufstellung der Maschinen in geschlossenen Räumen oder im Freien, jedoch **mit Säuredämpfen angereicherte Kühlluft**	a) bei normaler betrieblicher Beanspruchung: Tränklack auf Ölbasis b) bei erhöhter betrieblicher Beanspruchung: härtbare Kunstharzlacke	2 mal Tränken, Ofentrocknung + Säure-Schutzlacküberzug, Ofentrocknung ist vorteilhaft
10	Desgl. wie Ziffer 8 Aufstellung der Maschinen in geschlossenen Räumen oder im Freien, **jedoch Kühlluft mit Laugendämpfen angereichert**	a) bei normaler betrieblicher Beanspruchung: Tränklack auf Ölbasis b) bei erhöhter betrieblicher Beanspruchung: härtbare Kunstharzlacke	2 mal Tränken, Ofentrocknung + Laugen-Schutzlacküberzug, Ofentrocknung ist vorteilhaft

1	2	3	4
Lfd. Nr.	**Maschinenart, Antriebsverhältnisse, Bauart, Aufstellungsort, Wettereinflüsse u. a. m.**	**Geeignete Tränklacktypen**	**Anzahl der Imprägnierungen Überzugslacke**
11	Desgl. wie Ziffer 8, Spalte 2 jedoch a) Aufstellung der Maschinen in geschlossenen Räumen oder im Freien b) **Kühlluft mit Chemiekalien angereichert**	a) bei normaler betrieblicher Beanspruchung: Tränklack auf Ölbasis b) bei erhöhter betrieblicher Beanspruchung: härtbare Kunstharzlacke	a) 1 mal Tränken, Ofentrocknung + Chemikalien-Schutzlacküberzug, Ofentrocknung ist vorteilhaft b) 1 mal Tränken, Ofentrocknung + Chemikalien-Schutzlacküberzug, Ofentrocknung ist vorteilhaft
12	**Elektr. Maschinen mit eingefädelten Hochspannungswicklungen, Leistungseinheiten bis etwa 100 kW** Aufstellung in geschlossenen, belüfteten und beheizten Räumen, Werkstoffklasse A—Ah	Verwendung vorimprägnierter Drähte ist empfehlenswert. Neutrale Schlupfmittel verwenden a) bei normaler betrieblicher Beanspruchung: Hochwertige Tränklacke auf Ölbasis b) bei erhöhter betrieblicher Beanspruchung: hochwertige härtbare Kunstharzlacke	Tränkung unter Vakuum empfehlenswert a) 2mal Tränken, Ofentrocknung + Schutzlacküberzug, lufttrocknend, Ofentrocknung empfehlenswert b) 2mal Tränken, Ofentrocknung + Schutzlacküberzug, lufttrocknend, Ofentrocknung empfehlenswert
13	**Transformatoren mit Ölkühlung**	a) Ölfeste Tränklacke auf Ölbasis b) Transformatoren-Compoundmasse	a) 2 mal Tränkung unter Vakuum empfehlenswert, Ofentrocknnug der auf Formen gewickelten Spulen

1	2	3	4
Lfd. Nr.	**Maschinenart, Antriebsverhältnisse, Bauart, Aufstellungsort, Wettereinflüsse u. a. m.**	**Geeignete Tränklacktypen**	**Anzahl der Imrpägnierungen Überzugslacke**
	Transformatoren mit Ölkühlung	b) Transformatoren-Compoundmasse	b) Anwendung der kaltplastischen ölfesten Compoundmassen beim Wickeln der Spulen (Durchlaufverfahren) Ofentrocknung der auf Formen gewickelten Spulen
14	**Elektr. Maschinen mit zweischichtigen Formspulen-Hochspannungswicklungen** (mittlere und größere Leistungseinheiten) Aufstellung in geschlossenen, belüfteten u. beheizten Räumen, Werkstoffklasse Ah bei erhöhter thermischer Beanspruchung Werkstoffklasse B Die Formspulen erhalten im Regelfall eine mehrschichtige Nutenisolation aus Mikafolien, die unter Wärme und Druck maßhaltig hergestellt werden. Die einbaufertigen Spulen müssen so elastisch sein, daß notwendige Formverbesserungen von Hand durchgeführt werden können. Die erforderliche Kurzschlußfestigkeit der Wicklungen kann nach dem Einbau der Spulen durch Einsatz härtbarer Kunstharzlacke erreicht werden	Imprägnierungen der einbaufertig geformten Spulen a) hochwertige Öllacke b) hochwertige elastische härtbare Kunstharzlacke. Nach der Tränkung und Trocknung der Spulen: Aufbringen der Mehrschicht-Mikafolien auf die Spulenschenkel, anschließend Umbandelung und Einbau der Spulen c) Nach Fertigstellung der Wicklungen Tränkung in härtbarem, körperreichem Kunstharzlack von hoher Backfähigkeit	Imprägnierung der Formspulen unter Vakuum empfehlenswert. a) 1mal Tränken Ofentrocknung b) 1mal Tränken Ofentrocknung c) 1mal Tränken, Ofentrocknung + Schutzlacküberzug, lufttrocknend, besser Ofentrocknung
15	Alle Wicklungen nach Werkstoffklasse B mit anorganischer Leiterisolation (glasisolierte Leiter, Glasseidenband, Mikafolien)	Silikonlacke	2 mal Tränken, Ofentrocknung nach Angabe des Lacklieferanten

Die zulässigen Grenzerwärmungen an den Wicklungen elektrischer Maschinen gemäß VDE 0530/2. 51, Nachdruck 1953 und Neuentwurf VDE, 0530/ . . . 54.

Die an den Wicklungen elektrischer Maschinen jeweils zulässigen Grenzerwärmungen (thermische Beständigkeit) sind durch die

Regeln für elektrische Maschinen,
VDE 0530/2. 51, Nachdruck 1953

als „Richtwerte" fixiert.

Unter Zugrundelegung einer max. Kühlmitteltemperatur von + 35° C (§ 39) enthält die Tafel IVa für die einzelnen Werkstoffklassen folgende Werte für die zulässigen Grenzerwärmungen

Werkstoffklasse A = 60° C
Werkstoffklasse Ah = 80° C
Werkstoffklasse B = 80° C
Werkstoffklasse C = nur beschränkt durch den Einfluß auf benachbarte Isolierteile.

Diese Zahlen stellen max. Richtwerte dar und beziehen sich auf alle Wicklungen an elektrischen Maschinen. Ausnahmen: einlagige Feldwicklungen allgemein, ebenso Volltrommelläufer, zweilagige Feldwicklungen. Für diese Wicklungen betragen die Grenzerwärmungen:

Werkstoffklasse A = 70° C
Werkstoffklasse Ah = 80° C
Werkstoffklasse B = 90° C

Die zulässigen Grenzerwärmungen für Stromwender- und Schleifringe betragen = 60° C, für Lager = 45° C, für das aktive Eisen (Blechpakete) mit eingebetteten Wicklungen: wie die Wicklungen.

Hiernach ergeben sich folgende max. zulässigen Grenztemperaturen:

Werkstoffklasse A = 60 + 35 = 95° C
Werkstoffklasse Ah = 80 + 35 = 115° C
Werkstoffklasse B = 80 + 35 = 115° C

für alle Wicklungen mit der bereits vorerwähnten Ausnahme.

Die Richtlinien REM — VDE 0530/2. 51, Nachdruck 1953 sind inzwischen von dem zuständigen VDE-Normenausschuß u. a. auch hinsichtlich der Werkstoffklassen überarbeitet und den gegenwärtigen Verhältnissen angeglichen worden.

Das Ergebnis dieser Bearbeitung hat in dem

VDE-Entwurf 0530/.....54*

sichtbaren Ausdruck gefunden.

In bezug auf die Wärmebeständigkeitsklassen sieht der Entwurf in Anlehnung an die Vorschläge der

Internationalen Elektrotechnischen Kommission (IEC)

nach dem Stande von Anfang 1954 eine größere Anzahl von Wärmeklassen und andere Bezeichnungen derselben vor. Außerdem liegt den Werten für die Grenzerwärmung eine

Kühlmitteltemperatur von + 40° C (bisher + 35°)

zugrunde.

Eine Übersicht hierüber bietet die nachstehende Tabelle:

Klasse	Stoffbezeichnung	Grenz-erwärmung	Grenz-temperatur
1	2	3	4
Y	organische Stoffe ungetränkt	50° C	90° C
A	organische Stoffe mit organischen Bindemitteln	65° C	105° C
E	Lackdrähte	80° C	120° C
B	anorganische Stoffe mit organischen Bindemitteln	90° C	130° C
F	Anorganische Stoffe mit besonderen organischen Bindemitteln	115° C	155° C
H	Anorganische Stoffe z. B. mit Silikonen	140° C	180° C
C	anorganische Stoffe ohne Bindemittel	—	über 180° C

Während die VDE-Regeln 0530/2. 51 Nachdruck 1953 für die Werkstoffklassen A, Ah, B und C keine konkreten Angaben über den rohstofflichen Aufbau der Bindemittel (Tränklacke) enthalten, sind in dem Neuentwurf VDE 0530/...54 zweifelsfreie Angaben über die Art der jeweils in Betracht kommenden Bindemittel namentlich aufgeführt und der Rohstoffgrundlage nach gekennzeichnet. Für die Werkstoffklasse B sind beispielsweise:

ölmodifizierte Alkydharzlacke, ölmodifizierte Phenolharzlacke, Polyurethanlacke und Schellack

als Bindemittel genannt.

Diese Elektro-Isolierlacke sind also für eine max. Wicklungstemperatur und DB-Betrieb mit 130° C angegeben.

*) Nach Mitteilung des VDE soll der bisherige Entwurf VDE—REM 0530/..54 im Juli 1955 in Kraft treten.

Erklärungen zu Fachausdrücken aus der Lacktechnik

1. **Oxydation**

Isolierlacke auf der Rohstoffgrundlage trocknender Öle unterliegen im Ablauf der Trocknung einem chemischen Vorgang, der in der Fachsprache mit

Oxydation

bezeichnet wird. Man spricht hier auch von oxydativ härtenden (trocknenden) Lacken.

Die Bezeichnung Oxydation bezieht sich auf die Sauerstoffaufnahme der Lackkörper. Diese führt zu der eigentlichen Filmbildung.

Genau genommen trocknen Öllacke

a) in einem physikalischen Vorgang und
b) anschließend in einem chemischen Vorgang.

Im Abschnitt a) verdunsten die flüchtigen Lackbestandteile (physikalischer Vorgang), im Abschnitt b) wirkt Luftsauerstoff + Wärme auf die noch plastische Lackmasse ein und erst durch diesen chemischen Vorgang (Oxydation) vollzieht sich die Trocknung (Filmbildung).

2. **Kondensation**

Härtbare Kunstharzlacke unterliegen im Ablauf der Trocknung (Härtung) ebenfalls einem chemischen Vorgang, der in der Fachsprache mit

Kondensation

bezeichnet wird.

Dieser Vorgang ist wiederum mit einem physikalischem Vorgang gekoppelt, läuft jedoch in einer anderen Art ab als dieses bei der Oxydation der Fall ist.

Im Abschnitt a) verdunsten die flüssigen Lackbestandteile.

Der chemische Abschnitt b) vollzieht sich nicht durch den Einfluß von Luftsauerstoff, sondern lediglich durch Wärme. Man spricht hier deshalb auch von

wärmehärtenden Lacken.

Man kann den Ausdruck „Kondensation" durch „Verdichten" ersetzen, d. h. die fließfähige Lackmasse erfährt durch Wärme eine Verdichtung (Erhärtung = Filmbildung).

3. **Polymerisation**

Lösemittelfreie (praktisch schwundfrei trocknende) Isolierlacke und Gießharze unterliegen bei der Überführung aus dem fließfähigen in den festen Zustand einem chemischen Vorgang, der in der Fachsprache mit „Polymerisation" bezeichnet wird. Der Ausdruck „Polymerisation“ kann etwa durch „Verkettung“ ersetzt werden. Dieser Vorgang wird durch einen oder mehrere Katalysatoren ausgelöst und beendet.

4. **Katalysator**

Der vorbeschriebene Vorgang wird in der Fachsprache mit „Katalyse“ bezeichnet, weil derselbe durch den oder die Katalysatoren ausgelöst und beendet wird.

Die Bezeichnungen Katalyse und Katalysator entstammen der griechischen Sprache.

Unter Katalysator versteht man einen Stoff, der die Geschwindigkeit einer chemischen Reaktion (= Rückwirkung — Gegenwirkung) ändert, selbst aber anscheinend unverändert bleibt.

Die Bezeichnung „Katalyse“ ist hiervon abgeleitet und bedeutet „Auflösungskraft, Aufschließung“.

5. **anorganisch — organisch**

Für den Aufbau der Wicklungsisolation werden sowohl Stoffe organischer und anorganischer Herkunft verwendet.

Beide Bezeichnungen entstammen der griechischen Sprache und bedeuten etwa:

a) organische Stoffe sind solche, die in der Natur wachsen, d. h. einem Organismus — einem Lebewesen — angehören (Naturharze, trocknende Öle u. a. m.),

b) anorganische Stoffe sind dagegen „unbelebte Stoffe“, z. B. Glimmer, Glas, Asbest u. a. m.

6. **synthetisch** (aus der griechischen Sprache stammend) bedeutet „künstlich hergestellt“ (synthetische Isolierlacke), Synthese = Zusammenfügen.

7. **hygroskopisch**

Der Ausdruck „hygroskopisch“ entstammt der griechischen Sprache und bedeutet etwa „die Feuchtigkeit anziehend“. Der Feuchtigkeitsgehalt der Luft wird mit einem „Hygrometer“ gemessen (hygros = naß).

8. **Kapillarität**

kommt aus der lateinischen Sprache und bedeutet etwa die „Aufsaugekraft in Haarröhrchen“. Ein Kapillargefäß ist ein enges Röhrchen — etwa ein Haar oder ein Baumwollfaden. Der Tränklack wird von diesem Haarröhrchen aufgesaugt.

Stichwortverzeichnis

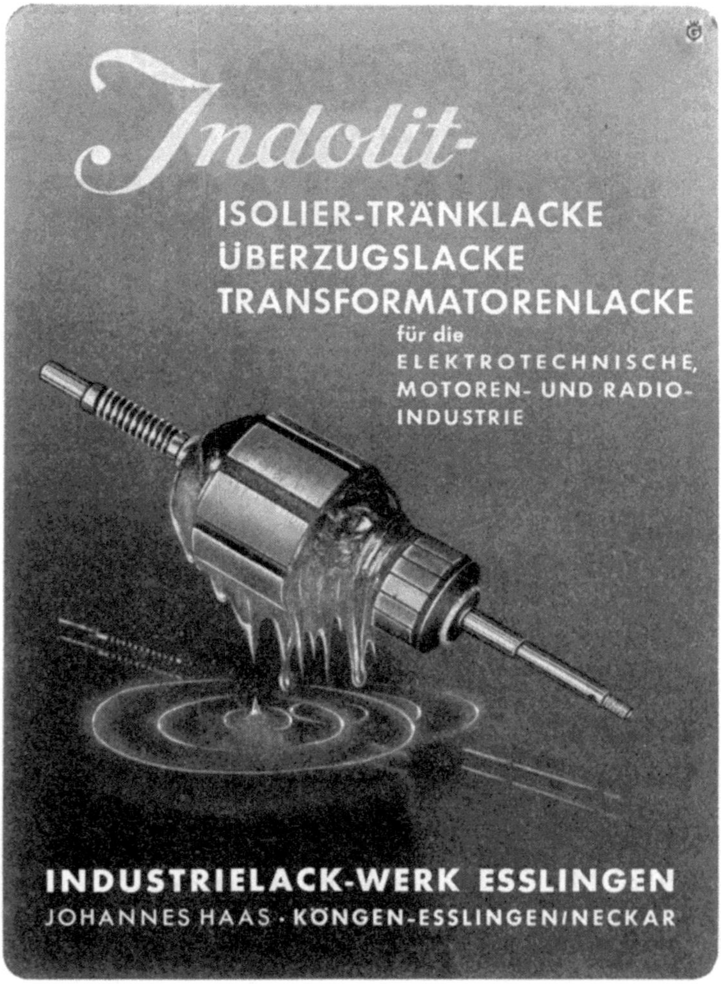
Indolit-
ISOLIER-TRÄNKLACKE
ÜBERZUGSLACKE
TRANSFORMATORENLACKE
für die
ELEKTROTECHNISCHE,
MOTOREN- UND RADIO-
INDUSTRIE
INDUSTRIELACK-WERK ESSLINGEN
JOHANNES HAAS · KÖNGEN-ESSLINGEN/NECKAR

Wickelmaschinen
FÜR
ELEKTROMASCHINEN
UND
TRANSFORMATOREN
HYDRAULISCHE SPULENPRESSE
DBP. ANGEM.
WICKELMASCHINE
„SELEKTA 211“
DRP
„Unser weiteres Fabrikationsprogramm: Wickelgeräte für die Anfertigung von Träufelspulen. Drahtabläufe. Gleichstrom-Anker-Spulenwickel- und Auszieh-Vorrichtungen. Umbügelmaschinen. Hydraulische Spulenpressen sowie Sonderanfertigungen für den Elektromaschinen- und Transformatorenbau.“
HEINRICH SCHÜMANN
ELEKTROMASCHINEN
UND MASCHINENBAU
LÜBECK
TECHNISCHE MESSE HANNOVER · HALLE 10 · STAND 512 · ERDGESCHOSS